园林植物与应用

YUANLIN ZHIWU YU YINGYONG

主　编　秦　琴　黄红艳
副主编　何礼华　肖　妮
彭金根　张朴仙
潘建材

重庆大学出版社

内容提要

本书以园林植物的观赏特征和生态习性为核心，按照园林实际应用进行分类编写。全书共收集近400种常用园林植物，并将其分作乔木、灌木、藤本植物、竹类、水生植物、特型植物、一二年生花卉、多年生宿根花卉、多年生球根花卉、多年生常绿草本、多年生草坪草、室内观赏植物，着重介绍了每种植物的学名、别名、科属、识别特征、产地与习性、繁殖栽培及园林应用等内容，并配以清晰图片。本书配有相关教学课件、授课视频等，可在重庆大学出版社官网下载。此外，还配有158个数字资源，可扫书中二维码学习。

本书图文并茂、直观易学，适用于风景园林设计、景观设计、园林技术、园林工程、园艺技术、环境艺术设计等专业的教学，也可作为园林、园艺等相关从业人员的培训资料和参考用书。

图书在版编目(CIP)数据

园林植物与应用 / 秦琴，黄红艳主编. -- 重庆 ：重庆大学出版社，2025. 1. --（高等职业教育园林类专业系列教材）. -- ISBN 978-7-5689-4894-4

Ⅰ. S68

中国国家版本馆 CIP 数据核字第 2025LT4088 号

园林植物与应用

主　编　秦　琴　黄红艳

副主编　何礼华　肖　妮　彭金根

张朴仙　潘建材

策划编辑：袁文华

责任编辑：袁文华　　版式设计：袁文华

责任校对：刘志刚　　责任印制：赵　晟

*

重庆大学出版社出版发行

出版人：陈晓阳

社址：重庆市沙坪坝区大学城西路 21 号

邮编：401331

电话：(023) 88617190　88617185（中小学）

传真：(023) 88617186　88617166

网址：http://www.cqup.com.cn

邮箱：fxk@cqup.com.cn（营销中心）

全国新华书店经销

重庆升光电力印务有限公司印刷

*

开本：787mm×1092mm　1/16　印张：18.75　字数：463 千

2025 年 1 月第 1 版　2025 年 1 月第 1 次印刷

印数：1—3 000

ISBN 978-7-5689-4894-4　定价：75.00 元

编委会名单

编写人员名单

主　编　秦　琴　重庆建筑科技职业学院

　　　　黄红艳　重庆艺术工程职业学院

副主编　何礼华　中国林业科学研究院亚热带林业研究所

　　　　肖　妮　重庆建筑科技职业学院

　　　　彭金根　深圳职业技术大学

　　　　张朴仙　云南林业职业技术学院

　　　　潘建材　昆明素源坊农业科技有限公司

参　编　何　炜　重庆市南山植物园管理处

　　　　周　圆　国有中牟县林场

前 言

观赏植物是园林规划设计、环境艺术设计等的重要构成要素，观赏植物对改善环境条件、美化人们的居住环境起着重要的作用。识别和应用园林植物是学好风景园林设计、植物造景设计、园林工程施工、园林植物栽培与养护、园林植物病虫害防治等专业课程的基础。在进行园林设计时，需具备熟练认识植物外部特征和灵活运用植物习性的技能，最大化地利用植物的特点，营造出丰富多彩的园林空间。

本书为满足高等职业院校教学改革和高等专业技术应用型人才培养的需要而编写。在编写过程中，根据园林类专业教学大纲的要求，以应用为目的，以够用为尺度，以讲清概念、强化应用为重点，加强了教材的针对性和实用性。在章节编排上循序渐进，先介绍园林植物的分类，含分类的方法、分类的单位和命名等基础知识，再讲述园林植物的器官，然后具体到每种园林植物。在植物的编排顺序上，以植物的亲缘关系和观赏特征为基础，结合园林实际应用，注重“直观、实用、与行业接轨”。本书共收集近400种常用园林植物，重点阐述了植物的识别特征、产地与习性、繁殖栽培及园林应用等内容。在描述园林植物识别特征时，尽量简化园林植物的微观特征，从学生实际接受能力出发，从宏观特征上进行描述，以能够满足高等职业教育园林类专业学生学习的需求为度。

本书紧跟数字化的步伐，通过扫描书中二维码，可以获取更多的课程资源，包括教学课件、授课视频、重要名词术语等，方便教学，并提高学生的学习兴趣；此外，分类学特征描述简练、精准、图文并茂，方便学生理解和记忆。

本书由秦琴、黄红艳担任主编，并负责全书的统稿工作；何礼华、肖妮、彭金根、张朴仙、潘建材担任副主编；何炜、周圆参编。本书大部分图片由何礼华、秦琴、何炜所拍摄，少部分图片引用已有文献，在此向这些资料的原创者致以诚挚的谢意。同时，本书在编写过程中得到了重庆市高等职业技术教育研究会相关科研课题的支持，在此一并表示感谢。

本书图文并茂，内容新颖，可作为风景园林设计、景观设计、园林技术、园林工程、环境艺术设计等专业的教材，也可作为相关从业人员的参考用书。

由于编者水平有限，书中难免存在不足之处，诚望同行专家、读者批评指正。

编　者

2025年1月

目 录

1 园林植物的分类

园林植物的种类较多，据不完全统计，地球上的植物约有 50 万种，其中，高等植物约有 35 万种以上，原产我国的高等植物约有 3 万种以上。然而，目前在园林中栽培利用的植物仅为其中很小部分，大量种类未被利用。面对如此浩瀚的植物种类，必须有科学、系统的识别和分类方法，才能进一步扩大和提高对植物的利用。

植物分类的方法

1.1 植物分类的方法

由于人们对植物界的认识有一个发展过程，同时在进行分类时遵循的依据和目的不同，因而对植物的分类出现了不同的分类方法：一种是自然分类法，另一种是人为分类法。

1.1.1 自然分类法

自然分类法是以植物间亲缘关系的远近程度作为分类标准，力求客观地反映出植物之间的亲缘关系和演化发展的过程。由于对植物界的认识有一个发展过程，同时在进行分类时所遵循的依据不同，因而对植物的分类出现了不同的分类方法，并形成了相应的分类系统。其中具代表性的主要有恩格勒（Engler）系统、哈钦松（Hutchinson）系统、塔赫他间（Takhtajan）系统、克朗奎斯特（Cronquist）系统、佐恩（Thorne）系统、APG（Angiosperm Phylogeny Group）系统等。

分类学的发展是随着各门学科的发展而发展的。传统的植物分类研究方法是以植物的形态特征为主要依据，根据植物的营养器官及生殖器官的形态特征进行分类。随着解剖学、细胞学、生物化学、遗传学以及分子生物学的发展，植物分类也吸收了这些学科的研究方法。如 APG 系统就是主要基于 DNA 序列的分子系统学和以分支分类学中的单系原则来界定植物分类群的范围为主要研究方法的。虽然上述新的研究方法推动了植物分类学的发展，但根据形态特征进行的分类在现今植物分类中仍然是一个重要的研究方法。

1.1.2 人为分类法

人为分类法是以植物系统分类法中的“种”为基础，人们按照自己的目的和方便或限于自己的认知，选择植物的一个或几个（如生长习性、观赏特征、园林用途等）特征作为分类的标准。由于分类的出发点不同，便有各种不同的人为分类法，每种方法所体现的意义也各有侧重。

1）依据植物的生活类型分类

生活类型是指植物对于生境条件的长期适应而在外貌上反映出来的植物类型。植物外貌的特征包括植物体的大小、形状、分枝形态及植物的寿命长短。通常分为木本植物和草本植物。

（1）木本植物　木本植物是指根和茎因增粗生长形成大量的木质部，而细胞壁也多数木质化的坚固的植物。可分为乔木、灌木、藤本植物和匍地植物。

- **乔木**：乔木是指树身高大（通常高度大于 6 m），具有明显主干，分枝点高的植物。如雪松、广玉兰、银杏等。可依其高度分为伟乔（31 m 以上）、大乔（21～30 m）、中乔（11～20 m）、小乔（6～10 m）四级。
- **灌木**：灌木是指没有明显的主干，近地面处生出许多枝条，呈丛生状比较矮小的植物。如玫瑰、月季、杜鹃、迎春、蜡梅、珍珠梅等。
- **藤本植物**：藤本植物是指那些茎干细长，自身不能直立生长，必须依附他物而向上攀缘的植物。如凌霄、紫藤等。
- **匍地植物**：匍地植物是指那些干、枝均匍地而生，与地面接触部分可生出不定根而扩大占地范围的植物。如铺地柏等。

（2）草本植物　草本植物是指茎内的木质部不发达，含木质化细胞少，支持力弱的植物。根据其完成整个生活史的年限长短，可分为一年生草本植物、二年生草本植物和多年生草本植物。

- **一年生草本植物**：一年生草本植物是指植物完成一个生命周期，即从播种、开花、结果到枯死均在一年内完成。一般在春季无霜冻后播种，于夏秋季开花结果后死亡。如百日草、凤仙花、波斯菊、万寿菊等。
- **二年生草本植物**：又称秋播植物，是指在两个生长季节内完成其生命周期的草本植物。在第一个生长季节里，仅由种子萌发后产生根、茎、叶的营养器官，越冬后在第二个生长季节里开花、结果、结籽，然后死亡。如金盏菊、石竹、万叶菊、三色堇等。
- **多年生草本植物**：多年生草本植物是指能生活二年以上的草本植物。有些植物地下部分为多年生，在完成一个生育周期以后，其地下部分经过休眠，能重新生长、开花和结果；地上部分每年枯萎，待第二年春又长出新枝（如郁金香、百合、风信子等）。另外有一些植物的地上和地下部分都为多年生，经开花、结实后，地上部分仍不枯死，并能多次结实（如葱兰、万年青、麦门冬、鸢尾等）。根据地下形态的不同，又可以分为宿根花卉、球根花卉、草坪及地被植物。

2）依据植物的观赏部位分类

（1）观花类　包括木本观花植物与草本观花植物，观花类植物多以花朵为主要观赏部位，其花朵或具有美丽鲜艳的色彩或具有浓郁、芬芳的香味。如牡丹、杜鹃、百合、茉莉、米兰、含笑、君子兰等。

（2）观叶类　观叶类植物以叶为主要观赏部位，其叶形奇特或具有鲜艳的色彩，或叶色季相变化明显。如银杏、龟背竹、红背桂、变叶木、八角金盘、红枫等。

(3)观果类　观果类植物以果实为主要观赏部位,果实累累、色泽艳丽、坐果时间长。如佛手、石榴、金银木、火棘、冬珊瑚等。

(4)观茎类　观茎类植物以茎、枝为主要观赏部位,通常枝茎具有独特的风姿。如佛肚竹、白皮松、竹类、红瑞木等。

(5)观根类　观根类植物以根为主要观赏部位,基部有较发达的根系或根形独特。如人参榕、何首乌、榕树等。

(6)观姿态类　观姿态类植物主要以观赏树形、树姿为主,树形树枝或端庄,或高耸或盘绕,或似游龙。如雪松、棕榈科植物、龙爪槐等。

3)依据园林植物的用途分类

(1)行道树　为了美化、遮阴和防护等目的,在道路两旁栽植的树木。如香樟、银杏、无患子、悬铃木、广玉兰等。

(2)庭荫树　栽种在庭园或公园,以取其绿荫为主要目的树木。一般多叶大荫浓,多为落叶树,在冬季需要阳光时会落叶。如梧桐、马褂木、栾树等。

(3)花灌木　凡具有美丽的花朵或花序,其花形、花色或芳香有观赏价值的乔木、灌木及藤本植物。如玉兰、山茶、茶梅、牡丹、紫荆、月季等。

(4)绿篱　在园林中主要起分隔空间、场地、遮蔽视线、衬托景物、美化环境以及防护作用的植物。如黄杨、小蜡、小叶女贞、红叶石楠、日本珊瑚树等。

(5)垂直绿化植物　绿化墙面、藤架的攀缘植物。如紫藤、凌霄、藤本月季、爬山虎等。

(6)地被植物　用低矮的木本或草本植物,种植在林下或裸地上,以覆盖地面,起防尘、降温及美化作用的植物。如麦冬、沿阶草、结缕草、铺地柏等。

(7)花坛植物　采用观叶、观花的草本花卉及低矮的灌木,栽植在花坛内组成各种图案或花纹的植物。如月季、金盏菊、彩叶草、雀舌黄杨等。

(8)室内装饰植物　主要用于室内,专门供观赏的植物,一般都有美丽的花、奇特的叶或者形态奇特,具有美化环境、改善环境和调节人体健康的功能。如蕨类植物、茉莉等。

4)依据形态、习性、分类学地位的综合分类

以上三种分类方法都是就某一方面出发对园林植物进行的分类,从不同角度阐述了园林植物的用途,对生产实践有一定的实用价值。但目前没有哪一种分类方法是十全十美的,也没有哪一个分类系统是完整的、终结的,还有不断完善的过程。本书以园林植物的形态、习性、主要用途、观赏特性及分类学地位为依据,进行综合分类,取长补短,既便于区分,又有利于具体的应用。按照这种方法,将园林植物分为以下几种。

(1)乔木　包括常绿乔木、落叶乔木。

(2)灌木　包括常绿灌木、落叶灌木。

(3)藤本植物　包括常绿藤本、落叶藤本。

(4)竹类。

(5)水生植物　包括挺水植物、浮水植物、漂浮植物、沉水植物。

(6)特型植物。

(7)草本园林植物　包括一二年生花卉、多年生宿根花卉、多年生球根花卉、多年生常绿草本、多年生草坪草。

(8)室内观赏植物　包括室内观叶植物、室内观花植物、室内观果植物。

1.2 植物分类的单位

植物分类的单位

植物分类的一项主要工作就是将自然界的植物按一定的分类等级进行排列，并以此表示每一种植物的系统地位和归属。植物分类的基本单位有界、门、纲、目、科、属、种，在每一个等级之下还可分别加入亚门、亚纲、亚目、亚科、族、亚属、组、亚种等，具体的实践中最常用的单位有科、属、种三个。植物分类的等级及分类举例见表1.1。

表1.1 植物分类的等级及分类举例

分类的等级			分类举例	
中文名	拉丁学名	英文名	中文名	拉丁学名
界	Regnum	Kingdom	植物界	Regnum vegitabile
门	Divisio	Phylum	种子植物门	Spermatophyta
亚门	Subdivisio	Subphylum	被子植物亚门	Angiospermae
纲	Classis	Class	双子叶植物纲	Dicotyledoneae
亚纲	Subclassis	Subclass	合瓣花亚纲	Sympetalae
目	Ordo	Order	菊目	Asterales
亚目	Subordo	Suborder	菊亚目	Asterineae
科	Familia	Family	菊科	Compositae(Asteraceae)
亚科	Subfamilia	Subfamily	菊亚科	Asteroideae
族	Tribus	Tribe	向日葵族	Heliantheae
亚族	Subtribus	Subtribe	向日葵亚族	Helianthinae
属	*Genus*	Genus	向日葵属	*Helianthus*
种	*Species*	Species	向日葵	*Helianthus annuus* L.

在植物的分类阶层系统中，种是最基本的分类单元，是自然界中客观存在的。同种个体具有基本相同的形态结构和生理特征；同种个体间能够进行自由交配，产生有正常生育能力的后代，种间存在着生殖隔离；同种植物占有一定的自然分布区和要求适合该种生存的一定的生态环境。

种是自然界长期进化的产物。种的特征一方面是稳定的，其特征可以代代遗传；另一方面又是继续发展的，新种会不断产生，已经形成的种也在不断发展和演变。由相近的种集合为属，相近的属集合为科，如此类推。

根据需要，在种一级之下，增设了三个较常用的分类单位，分别是亚种、变种和变型。一般认为，一个种内形态上有较明显的区别且地理分布上又有一定程度隔离的个体群，可确定为不同的亚种(Subspecies)；变种(Variety)多指有较稳定的形态差异但分布范围比较局限的个体群，通常认为变种相当于地方种，而亚种相当于地理种；变型(Form)主要指没有特定分布区而零星分布的变异个体。除此之外，在农作物和园艺植物中，把经过人工栽培或人工选择而得到的有一定经济价值的变异(如色、香、味、形状、大小等)植物称作栽培品种(Cultivar),所以栽培品种不存在于野生植物中。

1.3 植物的命名

每种植物都有自己的名称,但世界之广、语言之异,同一种植物在不同的国家、不同的民族、不同的地区往往有不同的叫法。例如,北京称甘薯为白薯,湖南叫红薯,江苏叫山芋,四川叫红苕,东北叫地瓜;又如马铃薯,在我国南方称洋山芋(或洋芋),北方则称土豆或山药蛋。由于名称不统一,常常造成混乱,妨碍了国内和国际学术交流。

瑞典生物学家林奈(Carolus Linnaeus)于 1753 年发表的《植物种志》,比较完善地创立了以双名法为植物命名。在双名法的基础上,经过反复修改和完善,制定了《国际植物命名法规》。法规规定,植物任何一级分类单位均须按照《国际植物命名法规》,用拉丁文(或拉丁化的文字)进行命名,这样的名称称为学名(Scientific Name),植物学名是世界范围通用的唯一正式名称,其他任何文字所命名的名称都不能称作学名。

所谓双名法是指用拉丁文给植物起名字,每一种植物的学名都由两个拉丁单词或拉丁化单词组成,一个完整的学名还需要加上最早给这个植物命名的作者名,故第三个词是命名人;因此,属名+种加词+命名人构成一个完整的学名,如银杏的种名为 *Ginkgo bioloba* L. 。

种的命名

1.3.1 种的命名

种的命名采用双名法,每种植物的学名由两个拉丁单词或拉丁化单词组成,第一个单词为属名,第一个字母要大写;第二个单词为种加词,为形容词,完整的学名应在种加词之后附上命名人的姓氏或其缩写。如苏铁的学名为 *Cycas revoluta* Thunb. 。

亚种、变种、变型、品种的命名

1.3.2 亚种、变种、变型的命名

亚种、变种、变型的命名采用三名法。在学名后分别写上 subsp. 、var. 、f. 再加上亚种、变种、变型的种加词及命名人。如安坪十大功劳是宽苞十大功劳的亚种,其学名为 *Mahonia eurybracteata* subsp. *ganpinensis* (Lévl.) Ying et Boufford。

1.3.3 品种的命名

品种的命名是在原种的学名之后,将品种名置于' '之中。如夹竹桃的白花品种,其学名可表示为 *Nerium oleander* Linn. 'Paihua' 。

1.3.4 属的命名

由属名+命名人组成,如蔷薇属的学名为 *Rosa* Linn.。

属和科的命名

1.3.5 科的命名

科的命名是以该科模式属的学名去掉词尾,加-aceae 组成,如蔷薇科的学名为蔷薇属的学名 *Rosa* 去掉词尾 a 加上-aceae 而成,即 Rosaceae Juss.。

1.3.6 《国际植物命名法规》要则

(1)每种植物只有一个合法的学名,其他名只能作异名或废弃。

(2)每种植物的学名包括属名和种加词,另加命名人。

(3)植物如已见有两或两个以上的学名,应以最早发表的(不早于 1753 年林奈的《植物志种》一书发表的年代)并按《国际植物命名法规》正确命名的名称为合法名称。

(4)一个植物合法有效的学名,必须有有效发表的拉丁描写。

(5)对于科或科以下各级新类群的发表,必须指明其命名模式才算有效,新科应指明模式属,新属应指明模式种,新种应指明模式标本。

(6)保留名(nomina conservanda)是不符《国际植物命名法规》的名称,按理应不通行,但由于历史上惯用已久,经公议可以保留,但这一部分数量不大。例如,科的拉丁词尾有一些并不都是以-aceae 结尾的,如伞形科 Umbelliferae 或写为 Apiaceae,十字花科 Cruciferae 也可写为 Brassicaceae,禾本科 Gramineae 也可写为 Poaceae。

对一个具体的植物种来讲,按照《国际植物命名法规》命名时,可以简化成如下五个步骤:

①植物的学名由两个拉丁单词或拉丁化的单词组成;

②第一个单词是属名,用名词,首字母必须大写;

③第二个单词是种加词,用形容词;

④属名和种加词后应附上命名人的姓氏或姓氏缩写,首字母大写;

⑤属名和种加词在书写时用斜体,命名人用正体。如水稻的学名为 *Oryza sativa* L.。

2 园林植物的器官

2.1 根

根是植物体生长在地下部分的营养器官，其主要生理功能是吸收与疏导、支持与固定，兼有合成、分泌、贮藏与繁殖的作用。根无节与节间，其上不生长叶和芽，很容易从外部形态上与某些植物所具有的地下茎相区别。

根

2.1.1 根及根系的类型

1）根

主根：种子植物的第一条根，是由种子中的胚根发育而成，称为主根。

侧根：从主根上产生的各级分枝，称为侧根。

定根：主根和侧根均从植物体一定的发生位置发育而来，都来源于胚根，称为定根。

不定根：有些植物可以从茎或叶上产生根，这种不是由根部产生，位置也不固定的根，统称为不定根。

2）根系

植物个体地下部分所有根的总体，称为**根系**。可分为直根系和须根系两大类。

直根系：凡是主根发达，较各级侧根粗壮，能明显区别出主根和侧根的根系，称为直根系。大多数双子叶植物和裸子植物的根系为直根系，如香樟、悬铃木、马尾松等。

须根系：凡是主根不发达或早期停止生长，由胚轴或茎的基部生出的不定根组成的根系，称为须根系。蕨类植物和绝大多数单子叶植物以及部分依靠根状茎、匍匐茎、块茎、鳞茎或块根等繁殖的双子叶植物的根系属于此类型。如玉米、小麦、葱等。

根的变态

2.1.2 根的变态

有些植物的某些器官,为了适应不同的环境和行使特殊的生理功能,从而发生了能够遗传的形态结构的异常改变,这种现象称为器官的变态。常见的变态根如下。

肉质直根:由主根发育而成,外形肥大、肉质,起贮藏营养物质作用的根。萝卜等植物的肉质直根由下胚轴和主根发育而来,植物的营养贮藏在变态根内,以供抽薹和开花使用。其根增粗的主要原因是在次生生长后,部分木质部(萝卜)或韧皮部(甜菜)的薄壁细胞恢复分裂能力,转变成副形成层,进而产生三生木质部和三生韧皮部。

块根:由不定根或侧根膨大发育而来,根内细胞也贮藏大量的淀粉等营养物质,一株植物可形成多个块根,块根的增粗是维管形成层和副形成层共同活动的结果。常见的块根如甘薯、木薯、大丽菊、何首乌等。

支持根:是植物茎上产生的不定根,可伸入土壤中起支持作用。如榕树、印度榕、玉米等。

攀缘根:有些植物的茎细长柔弱不能直立,茎上生出不定根,以固着于其他支持物表面而攀缘上升,这种根属于攀缘根。如常春藤、绿萝等。

寄生根:生于寄主植物组织中的根,属于不定根的变态,它们直接伸入到寄主的组织中,吸收生活所需要的物质,因而严重影响寄主植物的生长。如菟丝子,它的叶退化,不能进行光合作用,靠寄主生活。

2.2 茎

茎通常是植物地上部分联系根和叶的营养器官,其主要生理功能是支持和疏导作用,兼有贮藏、合成、繁殖等功能。

茎的基本形态

2.2.1 茎的基本形态

大多数植物的茎的外形是圆柱形,少数植物的茎有其他形状,如莎草科植物的茎为三棱形,唇形科植物的茎为四棱形,仙人掌科植物的茎为扁圆形或多角柱形等。

着生叶和芽的茎称为枝条,枝条上着生叶的部位称为节,相邻两个节之间的部位称为节间。各种植物的节间长短不一,有时同一种植物的节间也有很大差异,称为长枝和短枝。长枝节与节之间距离较远,短枝节与节之间相距很近,是开花结果的枝条,故又称花枝或果枝。如银杏、雪松、金钱松等,有明显的长、短枝之分。

多年生木本植物叶片脱落后,在节上留下的痕迹称为叶痕,叶痕中的点状凸起是枝条与叶柄间的维管束断落后留下的痕迹,称为维管束迹或叶迹。遍布老茎节间表面的隆起疤痕,称为皮孔,为与周皮同时形成的通气结构。在枝条上,顶芽开放时,芽鳞片脱落后留下的密集痕迹,称为芽鳞痕。根据芽鳞痕的数目和相邻芽鳞痕的距离,可以判断枝条的年龄和生长的速度。

2.2.2 芽及其类型

植物的芽是未发育的枝、花或花序的原始体。按照着生位置的不同，芽分为定芽和不定芽。定芽在枝条上着生的位置固定，如顶芽生长在茎或枝的顶端、腋芽生长在叶腋。大多数植物的每一叶腋只有一个腋芽，但有些植物的叶腋可发生两个或多个腋芽。其中彼此叠生的称为叠生芽，并列着生的称为并列芽。个别植物，其腋芽为叶柄膨大的基部覆盖，称为柄下芽。不定芽着生的位置不固定，常从老茎、根、叶或从创伤部位上产生。

按照芽发育后所形成的器官不同，可以把芽分为叶芽、花芽和混合芽。花芽和混合芽通常比较肥大，容易与叶芽区别。

按照芽鳞的有无，芽有裸芽和鳞芽之分。有芽鳞包被的芽称为鳞芽，芽鳞是变态的叶，有厚的角质层，以降低蒸腾和防止干旱、冻害，从而保护幼芽。大多数木本植物的芽为鳞芽，如山茶、玉兰等。无芽鳞保护，芽的幼叶直接暴露在外的芽称为裸芽。一年生植物、多数二年生植物和少数木本植物常形成裸芽。

按照生理活动状态，可以把芽分成活动芽和休眠芽。通常认为能在当年生长季节中萌发的芽，称为活动芽。一年生草本植物的芽多数为活动芽。温带的多年生木本植物，除顶芽及邻近的腋芽外，大多数下部的腋芽在生长季节里往往是不活动的，暂时保持休眠状态，这种芽称为休眠芽。

茎的分枝方式

2.2.3 茎的分枝

每种植物都有一定的分枝方式，常见的分枝方式有以下几种。

单轴分枝：又称总状分枝。具有明显的顶端优势，自幼苗始，主茎的顶芽不断向上生长，形成主轴，侧芽发育成侧枝，但主轴生长始终占绝对优势，因而形成发达而通直的主干。裸子植物如银杏、雪松、水杉、塔柏等，被子植物中许多乔木如杨树、桉树等，都是单轴分枝。

合轴分枝：主干或侧枝的顶芽经过一段时间生长后，便生长缓慢或停止生长，或分化成花芽，或成为卷须等变态器官，这时靠近顶芽的腋芽代替顶芽，发育成新枝；待形成一段新枝后，又被其下部的腋芽的活动所代替，如此重复生长，形成曲折的枝干，这种分枝方式称为合轴分枝。如桃、李、梧桐、葡萄、桑树、榆树、苹果、梨等。

假二叉分枝：具有对生叶的植物，在顶芽停止生长或分化成花芽后，由顶芽下两个对生的腋芽同时生长发育为新的枝条，新枝也以同样的方式继续发育，这种分枝方式称为假二叉分枝。它是合轴分枝的一种特殊形式。如丁香、槭树、石竹等。

分蘖：禾本科植物的分枝方式与双子叶植物不同。在生长初期，茎的节间极短，茎基部密集的节上，在腋芽生长为新枝的同时，节位上产生不定根，这种分枝方式称为分蘖。

2.2.4 茎的类型

茎的类型

观赏植物的茎复杂多样，但根据其生长习性，可分为以下几种基本类型。

直立茎：茎垂直于地面，绝大多数植物属于这种类型。如玉兰、雪松等。

平卧茎：茎平卧于地面生长，但节处不生根。如地锦草等。

匍匐茎：茎沿地面或靠近地面生长，但节上生根。如吊兰、甘薯、狗牙根等。

攀缘茎：茎不能直立，茎上发出各种器官，如卷须、吸盘等变态器官，攀附于它物而上升。如葡萄、猕猴桃、爬山虎、丝瓜等。

缠绕茎：茎不能直立，靠茎本身缠绕于它物上升。如茑萝、牵牛花、紫藤、何首乌等。

茎的变态

2.2.5 茎的变态

茎的变态很多，外形变化也较大，但它们都具有顶芽和侧芽、节与节间以及茎的内部结构特点。茎的变态可分为地上茎的变态和地下茎的变态两大类。

1）地上茎的变态

茎刺：一些植物如柑橘、山楂的部分地上茎变态成刺，具有保护作用。茎刺常位于叶腋，由腋芽发育而来。

茎卷须：南瓜、葡萄等植物的部分枝变为卷须，用于缠绕其他物体，使植物得以攀缘生长，称为茎卷须。

肉质茎：一些植物适应干旱环境，叶常退化，而茎肥大多汁，呈绿色，不仅可贮藏水分和养料，还可进行光合作用。许多仙人掌科植物具有这种茎。有些沙漠植物的肉质茎形如石头，花开放时好像是从石缝里钻出来一样，故有人称之为“石头花”。

叶状茎：一些植物的茎枝则特化为扁平的叶状结构，常呈绿色而具有叶的功能，能进行光合作用，称为叶状茎。如假叶树、天门冬、仙人掌等。

2）地下茎的变态

块茎：马铃薯块茎是由植物基部叶腋长出的匍匐枝顶端经过增粗生长而成。块茎的顶端有一个顶芽，四周有很多芽眼，每个芽眼内有几个侧芽，在块茎生长初期，芽眼下方有鳞叶，长大后脱落。所以芽眼着生处为节，块茎实际上为节间缩短的变态茎。

球茎：球茎是短而肥大的地下茎。荸荠、慈姑的球茎由长入土中纤匐枝顶端发育而来。球茎有明显的节与节间，节上具褐色膜状鳞片叶和腋芽，其顶端有顶芽。

鳞茎：鳞茎是部分植物如洋葱的贮藏和繁殖器官。鳞茎的基部有一个节间缩短、呈扁平形态的鳞茎盘，其上部中央生有顶芽，四周有鳞叶重重包着，鳞叶的叶腋有腋芽，鳞茎盘下产生不定根。

根状茎：根状茎横向生长于土壤之中，外形与根有些相似，但有明显的节和节间，节上有退化的叶和腋芽，腋芽可长成地上枝，同时在节上产生不定根。如竹、莲等。

2.3 叶

叶是由芽的叶原基发育而成的部分，通常为绿色，有规律地着生在茎（枝）的节上，它是植物最显著的营养器官，也是绿色植物进行光合作用和蒸腾作用的主要器官，同时还具有一定的吸收、繁殖和贮藏功能。

叶的组成

2.3.1 叶的组成

植物的叶一般由叶片、叶柄和托叶三部分组成，这种叶又称为完全叶，如梨、桃、月季等植物的叶。若缺少任何一个部分的叶称为不完全叶，如台湾相思、大叶相思无叶片；丁香、樟树缺托叶；莴苣缺叶柄，属不完全叶。

单叶与复叶

2.3.2 单叶与复叶

一个叶柄上只有一个叶片的称为单叶，在叶柄上着生两个及以上完全独立的小叶片称为复叶。复叶在单子叶植物中很少，在双子叶植物中则相当普遍。复叶的叶柄仍叫叶柄，也称总叶柄，叶柄以上的轴叫叶轴。叶轴两侧所生的叶片叫小叶；小叶的柄叫小叶柄。根据总叶柄的分枝情况及小叶片的多少，复叶可以分为以下类型。

羽状复叶：小叶排列在叶轴的两侧呈羽毛状称为羽状复叶。其中，顶端生有一顶生小叶，小叶的数目为奇数的羽状复叶称为奇数羽状复叶，如槐树、红豆树、紫藤等；顶端生有二顶生小叶者称为偶数羽状复叶，如无患子、皂荚、香椿等。羽状复叶根据叶轴是否分枝，又可分为一回、二回、三回羽状复叶。叶轴分枝一次，各分枝两侧生小叶片的称为二回羽状复叶，如合欢。叶轴分枝两次，各分枝两侧生小叶片的称为三回羽状复叶，如楝树。

掌状复叶：小叶在总叶柄顶端着生在一个点上，向各方展开而成手掌状。如七叶树。

三出复叶：只有三张小叶着生在总叶柄的顶端。如毛豆、胡枝子、重阳木等。

单身复叶：总叶柄顶端只着生一张小叶，总叶柄顶端与小叶连接处有关节。如柚子、香橼、柑橘等。

叶序

2.3.3 叶序

叶在枝条上的排列的方式称为叶序，常见的有以下几种。

互生：每节上只着生一张叶片。如杨、柳、榉树等。

对生：每节上相对着生两张叶片。如丁香、白蜡、金钟花等。

轮生：每节上着生三张或三张以上的叶片。如夹竹桃、单叶蔓荆等。

簇生:节间极度缩短,多数叶丛生在短枝上称为簇生。如金钱松等。

基生:叶着生于茎基部近地面处。如车前草、蒲公英等。

叶片的形态

2.3.4 叶片的形态

不同植物的叶片形态多种多样,但就一种植物来讲,又比较稳定,因此可以作为识别植物和分类的依据。叶片的形状多样,一般是以叶片的长宽比和最宽处的位置来决定的,常见的叶片形状有以下几种。

鳞形:叶片的形状如鳞片。如圆柏、龙柏的叶。

钻形(锥形):锐尖如锥或短且窄的三角形状,叶常革质。如柳杉、池杉、水松、塔柏的叶。

鳞形

钻形(锥形)

条形(线形):叶片狭长,两侧叶缘近平行。如水杉、落羽杉的叶。

针形:叶片细长,先端尖锐。如马尾松、湿地松等针叶树的叶。

条形(线形)

针形

披针形:叶片最宽处在叶的基部,中部以下较宽,向上渐狭。如桃、垂柳、辣蓼的叶。

卵形:叶片最宽处在叶的基部,叶片下部圆阔,上部稍狭。如香樟、女贞的叶。

阔卵形:叶片最宽处在叶的基部,叶片下部圆阔,中部较宽,上部稍狭。如梓树、桑的叶。

披针形

卵形

阔卵形

长椭圆形:叶片最宽处在叶的中部,叶片的形状似椭圆形,但长度更长一些。如石楠、乐东拟单性木兰、杜鹃(春鹃)的叶。

椭圆形:叶片最宽处在叶的中部,两端较窄,两侧叶缘成弧形。如茶花、含笑、大叶黄杨、红叶石楠的叶。

圆形:长宽近相等,形如圆盘。如荷花、睡莲、王莲的叶。

长椭圆形

椭圆形

圆形

倒披针形:叶片最宽处在叶的中上部,向下渐狭。如杨梅的叶。

倒卵形:叶片最宽处在叶的中上部,叶片上部圆阔,下部稍狭。如海桐、黄栌的叶。

倒阔卵形:叶片最宽处在叶的中上部,叶片上部圆阔,中部较宽,下部稍狭。如白玉兰、白花三叶草的小叶。

倒披针形

倒卵形

倒阔卵形

心形:与卵形相似,但叶片下部更为广阔,基部凹入,似心形。如紫荆、桑的叶。

菱形:叶片近等边斜方形。如乌桕、菱的叶。

三角形:基部宽呈平截状,三边或两侧边近相等。如杠板归的叶。

心形

菱形

三角形

扇形：形状如扇，顶端宽而圆，向基部渐狭。如银杏的叶。

匙形：形似汤勺，先端圆形向基部变狭。如小檗、金叶小檗的叶。

扇形

匙形

肾形：叶片基部凹形，先端钝圆，横向较宽，似肾形。如冬葵、南瓜的叶。

剑形：叶片长而稍宽，先端尖，常稍厚而强壮，形似剑。如剑麻、鸢尾属植物的叶。

肾形

剑形

以上所述只是叶片的基本形状，有些植物的叶形为中间类型，这样的叶形常用复合名词来描述。如大叶桉的叶为卵状披针形，加拿大杨的叶为三角状卵形。

卵状披针形

三角状卵形

2.3.5 叶尖的形态

叶尖指叶片的顶端,常见的有以下形状。

圆形:先端近圆形。如海桐的叶端。

微凹:先端微凹入。如黄檀、瓜子黄杨的叶端。

微缺:先端有一稍显著的凹缺。如苋菜、锦鸡儿的叶端。

倒心形:先端凹入形成倒心形。如酢浆草、白花三叶草的叶端。

截形:先端如横切成平边状。如鹅掌楸的叶端。

钝形:先端钝而不尖或近圆形。如大叶黄杨的叶端。

具短尖:先端圆,中脉伸出叶端成一细小的短尖。如胡枝子、紫穗槐的叶端。

突尖:先端平圆,中央突出一短而钝的渐尖头。如白玉兰的叶端。

急尖:先端成锐角,两侧缘近直或稍外弯。如荞麦、竹类的叶端。

渐尖:先端尖头稍延长,渐尖而有内弯的边。如榆叶梅的叶端。

尾尖:先端渐狭长成长尾状。如梅、郁李的叶端。

芒尖:先端尖具芒或刚毛。如芒的叶端。

圆形

微凹

微缺

倒心形 　截形 　钝形

具短尖 　突尖 　急尖

渐尖 　尾尖 　芒尖

2.3.6 叶基的形态

叶片的基部称为叶基,常见的形态有以下几种。

钝圆形:叶基近半圆形。如苹果、绣球花的叶片。

耳垂形:叶基两侧钝圆,下垂成耳状。如白英的叶片。

心形:叶基近圆形而中央微凹似心形。如紫荆、桑的叶片。

偏斜形:叶基两侧不对称或偏斜。如栾树、枣树、向日葵的叶片。

箭形:叶基两侧小裂片尖锐,向后并略向内,形似箭头。如慈姑的叶片。

穿茎:叶基部深凹入,两侧裂片合生而包围茎,茎贯穿叶片中。如元宝草的叶片。

抱茎:叶基部抱茎。如油点草、鸭跖草的叶片。

楔形:叶片中部以下渐狭,形如楔子。如金钟花、桂花、垂柳的叶片。

截形:基部平截,略成一平线。如加拿大杨、平基槭的叶片。

戟形:叶基两侧小裂片向外,呈戟形。如打碗花、苦荬菜、天剑的叶片。

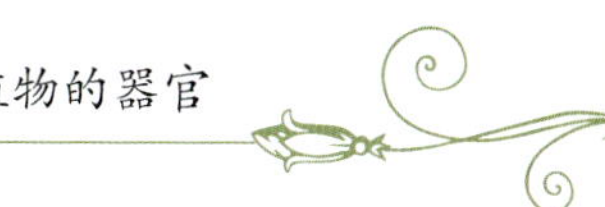

钝圆形

耳垂形

心形

偏斜形

箭形

穿茎

抱茎

楔形

截形

戟形

叶缘和叶裂

2.3.7 叶缘和叶裂

叶片的边缘称为叶缘，常见的有以下类型。

全缘：叶缘整齐，不具任何齿缺。如女贞、丁香等。

锯齿：叶缘有尖端锐齿，齿端向前，齿两边不等。如梅、桃等。

重锯齿：叶缘有较大的锯齿与小锯齿相间。如榔榆、日本晚樱等。

钝齿：叶缘具圆而钝的齿。如大叶黄杨、绣球花等。

牙齿：叶缘具尖齿，齿端向外，齿两边几乎相等。如大叶苎麻等。

波状：叶缘起伏如波浪状。如白栎、槲栎等。

不规整锯齿：叶缘的锯齿大小悬殊，且不规整。如葡萄等。

全缘

锯齿

重锯齿

钝齿

不完整锯齿

不规整锯齿

不完整锯齿

叶裂是指叶片边缘凹凸不齐，凸出或凹入的程度较齿状叶缘大而深。按叶片分裂的不同，可分为羽状分裂和掌状分裂。

羽状分裂：叶片长形，裂片自主脉两侧排列成羽毛状。依其缺裂深浅程度又分为：①**羽状浅裂**：缺裂至中脉宽度不及1/2。如诸葛菜等。②**羽状深裂**：缺裂至中脉宽度超过1/2。如山楂等。③**羽状全裂**：缺裂深度几乎达到中脉。如银桦等。

羽状浅裂

羽状深裂

羽状全裂

掌状分裂：叶近圆形，裂片成掌状排列。依其缺裂的深浅程度又分为：①**掌状浅裂**：缺裂至中脉宽度不及1/2。如三角枫、悬铃木、木芙蓉等。②**掌状深裂**：缺裂至中脉宽度超过1/2。如鸡爪槭、无花果等。③**掌状全裂**：缺裂深度几乎达到叶片中心叶柄处。如羽毛枫等。

掌状浅裂

掌状深裂

掌状全裂

叶脉

2.3.8 叶脉

叶脉是贯穿在叶肉内的维管束，它的主要功能是疏导营养物质，并对叶片有支持作用。叶脉在叶片中的分布方式称为脉序，常见的有以下类型。

网状叶脉：具有明显主脉，侧脉交织成网状称为网状叶脉，多见于双子叶植物。若主脉只有一条称为羽状网脉，若主脉有三条以上称为掌状网脉。

平行叶脉：叶脉平行排列称为平行叶脉，多见于单子叶植物。若各叶脉由基部平行直达叶尖，称为直出平行叶脉，如竹类植物；若侧脉垂直于主脉，彼此平行，称为横出平行叶脉，如芭蕉、美人蕉；若叶脉自基部以辐射状分出，称为辐射平行脉，如蒲葵等。

三出脉：叶片基部或近基部具三条明显的叶脉，称为三出脉。如天竺桂、香樟树等。

叉状脉序：叶脉依次二叉式分枝称为叉状脉序。如银杏和多数蕨类植物。

叶的变态

2.3.9 叶的变态

叶卷须:由叶的一部分变成卷须状,称为叶卷须,适于攀缘生长。如豌豆复叶顶端的 2 ~ 3 对小叶变为卷须。

鳞叶:叶变态成鳞片状,称为鳞叶。鳞叶有三种情况:一种是木本植物鳞芽外的鳞叶,也称为芽鳞;另一种是地下根状茎上退化的叶,称为膜质鳞叶或鳞片;还有一种是百合、洋葱的鳞茎上肉质、肥厚、具贮藏作用的叶,称为肉质鳞叶。

苞片(苞叶):生在花下面的变态叶称为苞片(或苞叶),如棉花外面的副萼为三片苞片。苞片数多而聚生在花序外围的称为总苞,如向日葵花序外边的总苞。苞片或总苞具有保护花和果实的作用。

叶刺:有些植物的叶或叶的某部分变态为刺,称为叶刺。如刺槐、酸枣的托叶变态为硬刺,小檗的叶变为刺状叶。仙人掌属的一些植物在扁平的肉质茎上生有硬刺。叶刺和茎刺一样,都有维管束和茎相通。

捕虫叶:有些植物的叶发生变态,能捕食小虫,这类变态叶称为捕虫叶。如猪笼草的叶柄很长,基部为扁平的假状叶,中部细长如卷须状,可缠绕他物,上部变为瓶状的捕虫器,叶片生于瓶口,成一小盖覆于瓶口之上。瓶内底部生有许多腺体,能分泌消化液,将落入的昆虫消化利用。

2.4 花

花是被子植物特有的繁殖器官,也是观赏植物最醒目的部位。

花的组成

2.4.1 花的组成

花是适应生殖作用的变态短枝。一朵完整的花可分为五部分:花梗、花托、花被(花萼、花冠合称)、雄蕊群和雌蕊群。一般认为花被是叶的不育性变态叶,雄蕊群和雌蕊群是叶的可育性变态叶。

花梗:花梗是着生花的小枝,用以支撑花果并输送营养物质。花梗的长短或有无依植物种类不同而不同。如垂丝海棠花梗很长,蜡梅、贴梗海棠等花梗极短或近无。

花托:花托是花梗的顶端部分,用以着生花被、雄蕊群和雌蕊群。花托的形状随植物种类不同而不同。

花被:花被是花萼和花冠的总称。花萼、花冠都俱全的花称为两被花,如桃树;只有花萼的花称为单被花,如叶子花等;花萼和花冠均无的花称为裸花,如垂柳、一品红等。

花萼:花萼是花最外轮的不育的变态叶,由一定数目的萼片组成。各萼片之间完全分离的称为离萼,如虞美人、山茶等;各萼片彼此连合的称为合萼,如月季等。萼片通常为绿色,其主要功能为保护花蕾和光合作用。但有些植物的花萼形态特殊,如蒲公英的花萼变为冠毛,帮助果实传播。

花冠:花冠位于花萼内侧或上方的叶状结构,也是一种不育的变态叶。因常含有类胡萝卜素、花青素和分泌细胞,故花冠呈现出鲜艳的颜色和芳香的气味,其主要功能为引诱昆虫为其传粉,同时保护雌蕊和雄蕊。花冠的花瓣完全分离的称为离瓣花,部分或完全联合的称为合瓣花。

雌蕊群:雌蕊群是一朵花中所有雌蕊的总称。雌蕊由柱头、花柱和子房组成。柱头是雌蕊的顶端部分,其主要功能为接受花粉和花粉粒的萌发场所;花柱是花粉管输送精子的通道;子房是雌蕊基部膨大的部位,是雌配子——卵细胞的生成地,最终发育为种子和果实。

雄蕊群:雄蕊群是一朵花中所有雄蕊的总称,是位于花冠内方的一种可育变态叶。典型的雄蕊由花药和花丝组成,其主要功能是产生有性生殖过程中的雄配子——精子。

如果一朵花同时具有雄蕊和雌蕊,称为两性花,如百合、月季等;只有雄蕊或雌蕊的花称为单性花;雄蕊和雌蕊均无的花称为中性花。在单性花中只有雄蕊的称为雄花,只有雌蕊的称为雌花;雌花和雄花生于同一株植株上称为雌雄同株,如南瓜、黄瓜等;雌花和雄花生于不同植株的称为雌雄异株,如罗汉松、银杏、构树等。

花冠的类型

2.4.2 花冠的类型

花是被子植物最富多样性的器官。由于花瓣的分离或连合,花瓣的形状、大小,花冠筒的长短不同,形成各种类型的花冠,常见有下列几种。

蔷薇花冠:5 枚或更多分离的花瓣成辐射对称排列,为蔷薇科蔷薇属植物所特有。

十字花冠:花瓣 4 片,离生,排列成“十”字形,为十字花科植物所特有。

蝶形花冠:花瓣 5 片,离生,成两侧对称排列。最上一片花瓣最大,位于最外方,称为旗瓣;侧面两片较小,左右排列,称为翼瓣;最下两片合生并弯曲成龙骨状,称为龙骨瓣,位于最内方。为蝶形花科植物所特有。

蔷薇花冠

十字花冠

蝶形花冠

假蝶形花冠:假蝶形花冠与蝶形花冠相似,花瓣 5 片。上部一片最小称为旗瓣;两侧较大称为翼瓣;下方两片最大,相互分离,称为龙骨瓣。如紫荆、云实等。

唇形花冠:花瓣 5 片,基部合生成筒状,上部裂片分成二唇状,两侧对称。如唇形科、玄参科植物的花。

漏斗形花冠:花瓣 5 片全部合生成漏斗形(喇叭形)。如牵牛、矮牵牛等。

假蝶形花冠

唇形花冠

漏斗形花冠

管状花冠:又称筒状花冠,花冠基部合生成管状。如向日葵、金盏菊花序的盘心花。

舌状花冠:花瓣基部合生成短筒,上部连生并向一边开张成扁平舌状。如向日葵花序的边花。

钟形花冠:花冠筒宽而稍短,上部扩大成钟形。如桔梗、沙参、南瓜的花。

高脚碟状花冠:花冠下部是细长管状,上部呈水平状扩展。如龙船花、水仙的花。

辐射状花冠:花冠筒极短,冠裂片向四周辐射状伸展。如番茄、茄子、辣椒的花。

管状花冠

舌状花冠

钟形花冠

高脚碟状花冠

辐射状花冠

花序的类型

2.4.3 花序的类型

有的植物花单生于叶腋或枝顶，称为单生花，如玉兰、含笑等；也有许多植物的花按一定的规律排列在花轴上，称为花序。组成花序的每一朵花称为小花，花序的主轴叫花轴，花下常有变态叶叫苞片，有的植物其花序苞片密集在一起，称为总苞。

根据花轴上花排列方式的不同，以及花轴分枝形式和生长状况不同，花序有各种类型，归纳如下。

1）无限花序

无限花序又称总状类花序，其特点是在开花的同时，花序顶端或中心可以继续产生小花，即顶端不断增长、陆续成花。开花顺序为花序基部的花先开，依次向上开放，或由边缘向中心开放。根据花排列等特点又分为下列几种。

总状花序：花互生排列在不分枝的花轴上，花柄几等长。如十字花科植物的花序。

穗状花序：花的排列与总状花序相似，但花无柄或近无柄。如车前的花序。

葇荑花序：与穗状花序相似，小花无柄或近无柄，但小花排列在细长、柔软的花轴上，花序下垂。如杨树、柳树、核桃的花序。

肉穗花序：与穗状花序相似，但花轴肉质肥厚，且花序下有一大型的佛焰苞。如棕榈科、天南星科的花序。

伞房花序：花序不分枝，其上着生许多花柄不等长的小花，下部花的花柄较长，向上渐短。因此，整个花序的花几乎排在一平面上。如山楂、梨、苹果的花序。

伞形花序：花序轴极度缩短，花柄几等长，各花均自花轴顶端一点上生出，整个花序的花排在一球面上，形似开张的伞。如报春、绣球的花序。

头状花序：花无柄，多数密集生于一短而宽或隆起的花序轴上而成一头状体。如向日葵、千日红的花序。

隐头花序：花序轴顶端膨大而中空，内部着生许多无柄小花，花序顶端有一小孔与外方相通。如榕属植物的花序。

圆锥花序：花轴分枝，每一分枝上形成一总状花序，可称为复总状花序。每一分枝若为一穗状花序，则称为复穗状花序。两者均属圆锥花序，整个花序开张成圆锥形状。如珍珠梅、女贞的花序。

复伞房花序：伞房花序的每一分枝再形成一伞房花序。如花楸属植物的花序。

复伞形花序：伞形花序的每一分枝又形成一伞形花序。如胡萝卜及伞形科植物的花序。

2）有限花序

有限花序又称聚伞类花序，其特点是花序类似合轴分枝或假二叉分枝的方式发育，即花序主轴顶端先形成花，且先开放，开花顺序是自上而下或自中心向周围。依据花轴分枝不同，又可分为下列几种。

单歧聚伞花序：花序成合轴分枝式，花序的顶端形成一花之后，在顶花下面的苞片腋中仅发生一侧枝，其长度超过主枝后枝顶同样形成一花，此花开放较前一朵晚，同样在它的基部又形成侧枝及花，依此类推，就形成单歧聚伞花序。若花朵连续地左右交互出现，状如蝎尾，称为蝎尾状聚伞花序，如唐菖蒲等；若花朵出现在同侧，形成卷曲状，称为螺状聚伞花序，如勿忘我等紫草科植物的花序。

二歧聚伞花序：花序类似假二叉分枝，即形成二歧聚伞花序。花轴顶端形成顶花之后，在其下伸出两个对生的侧轴，侧轴顶端又生顶花，依此类推。如石竹科、龙胆科植物的花序。

多歧聚伞花序：花序轴顶芽形成一朵花后，其下数个侧芽发育成数个侧枝，顶端每生一花，花梗长短不一，节间极短，外形上类似伞形花序，但中心花先开。如大戟、银边翠的花序。

轮伞花序：聚伞花序着生在对生叶的叶腋，花序轴及花梗极短，呈轮状排列。如一些唇形科植物的花序。

果实

2.5 果实

植物开花受精后，柱头和花柱凋落，子房逐渐膨大，胚珠发育成种子，子房壁发育成果皮，这种果实叫真果。果皮通常可分为三层：最外一层叫外果皮；中间一层叫中果皮；最内一层叫内果皮。各层的质地、厚薄因植物而异。此外，有许多植物的果实，除子房外，还有花托或其他部分参与果皮的形成，这种果实称为假果，如苹果、梨等。

根据果实的形态结构，可分为三大类：单果、聚合果、聚花果。

2.5.1 单果

一朵花只有一个雌蕊发育成的果实称为单果。根据果熟时果皮的不同，可分为肉质果和干果。

1）肉质果

果实成熟时，果皮或其他组成果实的部分，肉质多汁，常见的有如下种类。

浆果：由复雌蕊发育而成，外果皮薄，中果皮、内果皮均为肉质并充满汁液。如葡萄、番茄、柿等。

核果：由单雌蕊或复雌蕊子房发育而成。外果皮薄，中果皮肉质，内果皮坚硬，通常包围一粒种子形成坚硬的核。如桃、枣、李、核桃等。

柑果：由多心皮复雌蕊发育而成，外果皮革质，中果皮较疏松并有很多维管束，内果皮膜质分为若干室，向内生有许多汁囊，内果皮是主要的食用部分。如柑橘、柚等。柑果为芸香科植物所特有。

梨果：由花筒与下位子房愈合发育而成的假果，花筒形成的果壁与外果皮及中果皮均肉质化，内果皮纸质或革质。如梨、苹果等。

瓠果：由具侧膜胎座的下位子房发育而成的假果，花托与外果皮结合为坚硬的果壁，中果皮和内果皮肉质，胎座发达。如南瓜、西瓜等。瓠果为葫芦科植物所特有。

浆果　　核果　　柑果

梨果　　瓠果

2)干果

果实成熟时果皮干燥,根据果皮开裂与否,可分为裂果和闭果。其中成熟时果皮开裂的有荚果、蓇葖果、角果、蒴果;果实成熟后果皮不开裂的有瘦果、颖果、翅果、坚果、分果等。

荚果:由单雌发育而成,成熟后果皮沿背缝线和腹缝线两边开裂,如含羞草科、云实科和蝶形花科植物所具有。但有少数植物的荚果不开裂,如槐树、黄檀等。

蓇葖果:由单雌蕊发育而成,成熟时沿背缝线或腹缝线一边开裂。如梧桐和、芍药、牡丹的聚合果中的每一小果都是蓇葖果。

荚果

蓇葖果

角果:由两个心皮的复雌蕊发育而成,果实中央有一片由侧膜胎座向内延伸形成的假隔膜,成熟时从假隔膜两腹缝线裂开,为十字花科植物所特有。其中,长为宽的三倍以上者称为长角果,如诸葛菜、油菜等;长为宽的三倍以下者称为短角果,如香雪球、荠菜等。

蒴果:由两个或两个以上心皮的复雌蕊发育而成,成熟时以多种方式(如背裂、腹裂、盖裂、孔裂等)开裂。如孔裂的虞美人、野罂粟等;盖裂的马齿苋、车前等。

角果

蒴果

瘦果:内含一粒种子,果皮与种皮分离。如向日葵。

颖果:与瘦果相似,内含一粒种子,但果皮与种皮愈合,不易分离,因此常将果实误认为种子。如小麦、玉米等。颖果为禾本科植物所特有。

翅果:果皮沿一侧、两侧或周围延伸成翅状,以适应风力传播。如三角枫、元宝枫、臭椿、榆等。

坚果:果皮坚硬,内含一粒种子,果皮与种皮分离,有些植物的坚果包藏于总苞内。如板栗、麻栎等。

翅果

坚果

分果:由两个以上心皮构成,各室含一粒种子,成熟时各心皮分离,形成分离的小果,但小果的果皮不开裂,如锦葵、蜀葵、旱金莲等。

其他如伞形花科植物的果实,成熟后分离为两个瘦果,称为双悬果;唇形科和紫草科植物的果实成熟后分离为四个小坚果,称为四小坚果。

聚合果、聚花果

2.5.2 聚合果

聚合果是指由一朵花中若干离生心皮雌蕊聚生在花托上发育而来的果实，每一离生心皮雌蕊形成一个单果，集生在膨大的花托上。因小果的种类不同，聚合果可以分为聚合蓇葖果，如八角、玉兰；也可以是聚合瘦果，如蔷薇、草莓；或者是聚合核果，如悬钩子、茅莓。

聚合蓇葖果

聚合瘦果

2.5.3 聚花果

聚花果是指由整个花序发育形成的果实，因此又名复果。花序中的每朵花形成独立的小果，聚集在花序轴上，外形似一个果实。如桑葚、凤梨、无花果等。

聚花果

3 木本园林植物

3.1 乔木

乔木是指树体高大(通常 6 m 至数十米),具有明显的高大主干。可依其高度分为伟乔(31 m 以上)、大乔(21 ~ 30 m)、中乔(11 ~ 20 m)、小乔(6 ~ 10 m)四级。

乔木按冬季或旱季落叶与否又分为常绿乔木和落叶乔木。又根据植物叶片形状的不同,可分为针叶乔木和阔叶乔木两大类。松科、杉科、柏科等裸子植物属于针叶树类。为了便于学生能更好地掌握乔木类植物在园林造景中的运用,乔木将按照常绿乔木和落叶乔木分别进行讲述。

3.1.1 常绿乔木

常绿乔木是一种终年具有绿叶的乔木。这种乔木的叶的寿命是 2 ~ 3 年或更长,并且每年都有新叶长出,在新叶长出的时候也有部分旧叶的脱落,由于是陆续更新,所以终年保持常绿,如樟树、紫檀、马尾松等。这种乔木由于有四季常青的特性,因此,常被用来作为绿化的首选植物。它们常年保持绿色,美化和观赏价值非常高。

1) 常绿针叶乔木

异叶南洋杉

【学名】*Araucaria heterophylla* (Salisb.) Franco

【别名】南美杉、南洋杉

【科属】南洋杉科 · 南洋杉属

【识别特征】常绿乔木,在原产地高达 50 m 以上,胸径达 1.5 m。树干通直,树皮成薄片状脱落;树冠塔形,大枝平伸,长达 15 m 以上;小枝平展或下垂,侧枝常成羽状排列。叶锥形,常两侧扁;球果近圆球形或椭圆状球形,通常长 8 ~ 12 cm,直径 7 ~ 11 cm;苞鳞厚,先端具扁平的三角状尖头;种子椭圆形,稍扁,两侧具结合生长的宽翅。

【产地与习性】原产于大洋洲诺和克群岛以及澳大利亚东北部诸岛。性喜气候温暖、光照柔和充足、空气清新湿润;夏季避免强光,冬季需要阳光充足;不耐寒,忌干旱;盆栽要求疏松湿润、腐殖质含量高、排水透气性好的培养土。

【繁殖栽培】常用播种、扦插繁殖。

【园林应用】树形高大,姿态优美,是世界上主要公园绿化树种,最宜独植作为园景树或作纪念树,亦可作行道树。幼树盆栽是珍贵的观叶植物,应用广泛。

枝叶

公园列植

雪松

雪松

【学名】*Cedrus deodara*(Roxb.)G. Don

【别名】喜马拉雅杉

【科属】松科 · 雪松属

【识别特征】常绿大乔木,在原产地高达 30 m 左右,胸径可达 3 m。树冠塔形,树皮灰褐色,裂成鳞片,老时剥落。枝叶浓密,大枝不规则轮生、平展,小枝微下垂,具长短枝。叶在长枝上为螺旋状散生,在短枝上簇生;叶针形,坚硬,先端尖细,叶色淡绿至蓝绿,叶横切面呈三角形。雌雄异株,稀同株,花单生于枝顶;10—11 月开花,雄球花比雌球花早 10 天左右;球果翌年 10 月成熟,椭圆至椭圆状卵形,成熟后种鳞与种子同时散落,种子具翅。

【产地与习性】原产于喜马拉雅山西部至印度海拔 1 300 ~ 3 300 m;现广泛栽培于我国南北各地园林中。喜阳光充足,也稍耐阴,喜温和凉润气候,有一定的耐寒、耐阴能力;土壤适应性广,能生长于微酸性至微碱性土壤,忌低洼积水;浅根性,抗风力不强;抗病虫害能力较强,对有毒气体的抗性较弱。

【繁殖栽培】常用播种、扦插繁殖。

【园林应用】雪松主干耸立,侧枝平展,叶茂色翠,姿态雄伟,与金钱松、日本金松、南洋杉、北美红杉合称为世界著名五大公园树种。宜孤植于花坛中央、对植于建筑大门两侧、丛植于草坪边缘或列植于公园内道路两旁;因其具有较强的防尘、减噪和杀菌能力,也适宜于工矿企业绿化。雪松小树也可盆栽观赏,用作圣诞树等。

雄球花

球果

树形

叶序

日本五针松

日本五针松

【学名】*Pinus parviflora* Siebold & Zucc.

【别名】五针松、姬小松

【科属】松科・松属

【识别特征】常绿乔木,在原产地高达 25 ~ 30 m,胸径约 1.5 m。树皮灰褐色,老干有不规则鳞片状剥裂,内皮赤褐色。冬芽长椭圆形,黄褐色;叶短,五针一束。花期 4—5 月,雌雄同株;球果卵圆形,长 4 ~ 7 cm,翌年 10—11 月成熟,种子有翅。

花枝

球果枝

盆栽

【产地与习性】原产于日本；我国长江流域各城市园林多有引种栽培。温带阳性树种，稍耐阴；喜深厚肥沃、排水良好的土壤；忌湿畏热，生长速度缓慢，且嫁接后成为灌木状。

【繁殖栽培】常用播种、嫁接繁殖。

【园林应用】五针松干苍枝劲，翠叶葱茏，秀枝舒展，偃盖如画，是制作盆景、配置景点的珍贵材料。可孤植为中心树或作为主景树列植于园路两旁，也可种植于庭园或花坛，与山石、红枫、竹、梅相配更为合宜。

叶片

园林应用

黑松

黑松

【学名】*Pinus thunbergii* Parl.

【别名】日本黑松、白芽松、海风松

【科属】松科·松属

【识别特征】常绿乔木，在原产地高达30～35 m，胸径达2 m。树皮灰黑色，不规则鳞片状剥落；枝条横展，老枝略下垂，小枝橙黄色；冬芽银白色。叶短而硬，二针一束，叶色深绿，长6～13 cm。花期4—5月，雌雄同株；种熟期翌年10月，球果圆锥状至卵圆形，栗褐色；种子倒卵状椭圆形，种翅灰褐色，翅长1.5～1.8 cm。

【产地与习性】原产于日本及朝鲜；我国山东沿海、辽东半岛、江苏、浙江等沿海地区有栽培。阳性树种，喜温暖湿润的海洋性气候，抗风、抗海雾能力强；耐干旱瘠薄，在荒山、荒地、河滩、海岸都能适应。

【繁殖栽培】常用播种繁殖。

【园林应用】著名海岸、湖滨绿化树种，可用作防风、防潮、防沙林带及海滨浴场附近的风景林、行道树或庭荫树；亦可孤植或丛植于庭院、游园、广场角落，点缀园景；还可用作嫁接日本五针松的砧木。

银白色冬芽

雄球花与雌球花

黑松

湿地松

【学名】*Pinus elliottii* Engelm.

【别名】美国松

【科属】松科・松属

【识别特征】常绿大乔木，在原产地高达 30 ~ 35 m，胸径达 2 m。树干通直，树皮灰褐色，纵裂成鳞状块片剥落；小枝粗壮，每年生长 3 ~ 4 轮；冬芽圆柱状，红褐色，粗壮，无树脂。针叶二针或三针一束并存，深绿色，腹背两面均有气孔线，边缘有细锯齿。4—5 月开花，雌雄同株；翌年 10—11 月果熟，种子卵圆，具三棱。

【产地与习性】原产于美国南部暖热潮湿的低海拔地区；我国北起山东平邑，南达海南陵水，东自台湾，西至成都的广大地区均表现良好。阳性树种，喜温暖湿润气候；主侧根均发达，抗风力强，在低洼沼泽地边缘生长旺盛；不耐阴，较耐旱，在贫瘠的低山丘陵也可正常生长；抗病虫害能力较强。

【繁殖栽培】常用播种或扦插繁殖。

【园林应用】湿地松树干通直挺拔，翠叶常绿葱茏，宜配植于山间坡地、溪地池畔，可丛植、片植作庭荫树或背景树，列植为行道树，也适宜于庭院观赏、草地孤植，是长江以南园林和自然风景区绿化的优良树种。

新梢与幼果

湿地松

油松

油松

【学名】*Pinus tabuliformis* Carrière

【别名】短叶松

【科属】松科 · 松属

【识别特征】常绿乔木，高可达 25 m，胸径可达 1 m 以上。树皮灰褐色或红褐色，裂成不规则较厚的鳞状块片，裂缝及上部树皮红褐色；老树树冠平顶，小枝较粗，褐黄色，幼时微被白粉；冬芽矩圆形，顶端尖，芽鳞红褐色。针叶二针一束，深绿色，长 10 ~ 15 cm，两面具气孔线；树脂道 5 ~ 10 个。雄球花圆柱形，长 1.2 ~ 1.8 cm，在新枝下部聚生成穗状。球果卵形或圆卵形，长 4 ~ 9 cm，有短梗，常宿存树上近数年之久；花期 4—5 月，球果第二年 10 月成熟。

公园应用

果实

【产地与习性】我国特有树种，为华北及西北地区主要森林树种。生于海拔 100 ~ 2 600 m 地带，喜光，喜干冷气候，在土层深厚、排水良好的酸性、中性或钙质黄土上均能生长良好。

【繁殖栽培】主要播种繁殖。

【园林应用】油松挺拔苍劲，四季常春，不畏严寒，可作为孤植、丛植、群植，亦可列植作行道树。在古典园林中为重要的背景植物。

花

叶片

白皮松

白皮松

【学名】*Pinus bungeana* Zucc. et Endl.

【别名】白骨松、虎皮松、蛇皮松

【科属】松科 · 松属

【识别特征】常绿乔木，高达 30 m，树冠阔圆锥形。树皮淡灰绿色或粉白色，呈不规则鳞片状剥落。当年生小枝灰绿色，无毛，大枝自近地面处斜出。叶三针一束，长 5 ~ 10 cm，粗硬，叶鞘早落。花期 4—5 月，雄球花生于当年新枝下部，雌球花生新枝近顶部。球果圆锥状卵形，长 5 ~ 7 cm，鳞盾肥厚，鳞脐背生，有刺；翌年 9—11 月成熟，种子具短翅，易脱落。

【产地与习性】我国特有树种，分布于华北及西北地区，长江流域地区园林中有栽培应用。阳性树种，幼时稍耐阴，深根性，生长较缓慢，寿命长，可达数百年之久。喜光及凉爽干燥气候，耐寒、不耐湿，在高温、高湿的条件下生长不良，喜生于排水良好的湿润土壤上，在排水不良或积水地方不能生长。对二氧化硫及烟尘的污染有较强的抗性。

【繁殖栽培】采用播种繁殖。

【园林应用】白皮松树形雄伟壮观，干皮呈斑驳状的乳白色，极其醒目，衬以青翠树冠，独具奇观，自古以来即配植于宫庭、寺院以及名园与墓地之中，宜孤植、对植，亦可群植成林或列植成行，为城市园林绿化的珍贵观赏树种。

树干

雄球花

马尾松

马尾松

【学名】 *Pinus massoniana* Lamb.

【别名】 青松、丛松

【科属】 松科 · 松属

【识别特征】 常绿大乔木,高达 35 ~ 45 m,胸径达 2.5 m。树冠塔形或广卵形,树皮红褐色,不规则鳞片状开裂;幼枝轮生,每年只生一轮,稀二轮;冬芽红褐色。叶二针一束,细柔下垂,叶鞘宿存。4 月开花,雌雄同株,单性;雄球花绕聚小枝四周,雌球花顶生枝端;球果翌年 10 月成熟,长卵至卵形,种鳞鳞盾扁平,上微凹,无刺,种子翅长 1.5 cm。

【产地与习性】 为我国亚热带地区乡土树种,中南部各地均有分布,垂直分布于海拔 800 m 以下。强阳性树种,喜光,不耐阴;适生于年均温 13 ~ 22 ℃,年降水量 800 ~ 1 800 mm。深根性,耐干旱瘠薄,畏水湿;在砂质酸性土壤生长良好;虫害较严重。

【繁殖栽培】 常用播种繁殖。

【园林应用】 马尾松为亚热带地区荒山造林的先锋树种;也可用于园林群植成林或孤植、丛植于庭前、亭旁、假山之巅,并配以翠竹、红梅、牡丹,则松涛起伏,红霞灿然,诗情画意跃然眼前。马尾松的雄花粉为天然的营养品,可加工成粉剂、片剂、松花酒等,食之有强身健体之功效。

花与叶

叶片

雄球花

杉木

杉木

【学名】*Cunninghamia lanceolata* (Lamb.) Hook.

【别名】杉、杉树、刺杉

【科属】杉科・杉属

【识别特征】常绿乔木,高可达30 m。干通直,树冠尖塔形;树皮灰褐色,纵裂成薄片,内皮红褐色。枝轮生,平展或稍下垂;嫩枝绿色,具角棱,老枝黄褐色。叶线状披针形,质硬,螺旋状着生,排成假二列状,顶端锐尖,边缘有细锯齿。花期4—5月,雄球花簇生枝顶,具总苞状鳞片;雌球花单生或簇生枝端,球形,紫红色。球果卵圆形,10—11月成熟,种子扁形,深褐色,具窄翅。

【产地与习性】我国秦岭淮河一线以南均有分布。阳性树种,喜光,稍耐阴;喜温暖湿润气候,稍耐寒;深根性,适应性强,为亚热带地区低山丘陵造林先锋树种。

【繁殖栽培】主要采用播种繁殖。

【园林应用】杉木树干端直,枝叶茂盛,四季常绿,宜在公园边缘群植作背景树。其材质轻软,有香味,易加工,为制作家具的上好木材。

树形

叶片

新叶

叶与果

柳杉

柳杉

【学名】*Cryptomeria japonica* var. *sinensis* Miq.

【别名】胖杉

【科属】杉科 · 柳杉属

【识别特征】常绿大乔木，高达 30 ~ 48 m，胸径可达 2 m。树冠圆锥形，树皮赤棕色，纤维状裂成长条片剥落。大枝斜展或平展，小枝常下垂，绿色；叶钻形，叶端内曲。雄球花黄色，雌球花淡绿色，花期 4 月；球果 10—11 月成熟，深褐色，种鳞 20 枚左右，苞鳞尖头短。

【产地与习性】分布于我国长江流域及以南各地，东部垂直分布于 1 000 ~ 1 400 m，西部达 2 000 ~ 2 400 m。中性树种，喜温凉湿润气候，怕夏季酷热干燥；浅根性，主根不发达，抗风力较弱；速生，寿命长，数百年大树极为常见。

【繁殖栽培】常用播种、扦插繁殖。

【园林应用】柳杉树形高大，树姿挺秀，通常丛植于草坪、林边、谷地、溪旁，以供荫蔽及防风之用，也可列植于园路两旁或孤植于花坛、前庭作中心树。

叶片

树皮

花序

侧柏

侧柏

【学名】*Platycladus orientalis* (Linn.) Franco

【别名】扁柏、扁桧、柏树

【科属】柏科 · 侧柏属

【识别特征】常绿乔木，高达 20 ~ 25 m。幼树树冠尖塔形，老树广圆形；树皮薄，浅褐色，薄片状剥离。叶枝直展，扁平，排成一平面，两面同形；鳞叶长 1 ~ 3 mm，先端微钝。雌雄同株，球花单生枝顶，花期 3—4 月；球果卵圆形，果期 10—11 月；种子椭圆形或卵形，无翅，顶端有短膜，侧面微有棱角。

【产地与习性】分布于我国北起内蒙古南部，南达两广北部以及西南地区；朝鲜也有分布。阳性树种，喜光，幼树稍耐荫蔽；耐干旱，较耐寒；浅根性，不耐水涝，在排水不良的低洼地易烂根死亡；喜钙树种，具抗盐性，对二氧化硫、氯气、氯化氢等有毒气体有较强抗性；寿命很长。

【繁殖栽培】以播种为主，也可扦插繁殖。

【园林应用】侧柏为我国北方应用最广、栽培观赏历史最久的园林树种之一。常栽植于古建筑、寺庙、陵园、墓地中，可孤植、丛植、列植，小树也可作绿篱栽植。洒金千头柏色彩金黄，可布置于树丛前增加层次；长江流域及华北南部多用作绿篱或园景树以及用于造林等。

叶与果

雄球花

柏木

【学名】*Cupressus funebris* Endl.

【别名】柏、香柏、白木树

【科属】柏科·柏木属

【识别特征】常绿大乔木，高达 25～35 m，胸径达 2 m。树皮淡褐灰色，大枝平展，小枝细长下垂。生鳞叶的小枝扁平，排成一平面，两面同形，均为绿色。鳞叶先端锐尖，中央之叶的背部有条状腺点，两侧之叶背部有棱脊。雌雄同株，球花单生枝顶，花期 4—5 月；球果翌年 5—6 月成熟，种子近圆形，两侧具窄翅，淡褐色，有光泽。

【产地与习性】分布很广，以四川、湖北、贵州最为常见，现华北以南各地广为栽培。阳性树种，喜光，稍耐阴；喜温暖湿润气候，亦较耐寒；土壤适应性强，在中性、微酸性及钙质土上皆能生长，是中亚热带石灰岩山地钙质土的指示性植物；主根、侧根均发达，既能生于岩缝中，极耐干旱瘠薄，又可植于水边坡地，稍耐水湿；天然下种更新能力强，生长速度中等，寿命很长。

树干

叶与果

枝叶

【繁殖栽培】以播种为主，也可扦插繁殖。

【园林应用】柏木树干高大，树姿秀丽清幽，尤其是古树，饱经风霜仍苍翠挺拔，自古以来普遍栽培观赏。宜丛植于山坡地、林缘、草坪角隅、陵园、甬道及纪念性建筑物四周，或对植于门庭两侧、列植于入口通道两旁。

圆柏

圆柏

【学名】*Juniperus chinensis* L.

【别名】桧、柏木、柏树

【科属】柏科 · 圆柏属

【识别特征】常绿乔木,高达 15 ~ 20 m。枝常向上直展,树冠幼时尖塔形、老树则成广圆形。叶两型:幼树或基部萌蘖枝上多为刺形叶,老树多为鳞形叶,交互对生,紧密贴生于小枝上。花期 4 月,雌雄异株;球果近圆形,暗褐色,被白粉,翌年 10—11 月成熟;种子卵圆形,有棱脊。

树形

【产地与习性】我国除东北及西北北部外,各地均有分布或栽培。阳性树种,喜光又较耐阴;适应性广,抗寒,耐干旱瘠薄,忌水湿;在酸性、中性、钙质土壤均能生长;深根性,生长速度中等,寿命可长达千余年;对多种有毒气体有一定的抗性。

【繁殖栽培】常用播种、扦插或嫁接繁殖。

【园林应用】圆柏树体挺拔,枝叶密集,苍翠葱郁,形态庄重,宜与宫殿式建筑相配合,或配植于陵园、甬道、园路旁,或在草坪中自然式丛植;也可用于公用建筑之庭院,常植于建筑北侧,绿化效果亦佳。

叶片

果实

龙柏

龙柏

【学名】*Juniperus chinensis* 'Kaizuka'

【别名】龙爪柏

【科属】柏科 · 圆柏属

【识别特征】圆柏的栽培品种,常绿乔木。树干通直,树冠呈狭圆锥形;树皮黑褐色,有条片状剥落。侧枝螺旋状向上抱合;叶鳞状密生,紧贴于小枝。

【产地与习性】我国华北南部及华东地区常见栽培。阳性树种,喜光,稍耐阴;喜温暖湿润环境,亦耐寒;抗干旱,忌积水,排水不良时产生落叶或生长不良;对土壤酸碱度适应性强,稍耐盐碱;对氧化硫和氯气抗性强,但对烟尘的抗性较差。

【繁殖栽培】常用扦插繁殖或嫁接于侧柏砧木上。

【园林应用】龙柏侧枝扭转旋上，树体似盘龙形，姿态优美，叶色四季苍翠。宜作丛植或行列栽植，亦可整修成球形或其他形状，或用小苗栽成色块。龙柏球可作盆栽，老桩可制作盆景观赏。

枝叶

列植

塔柏

塔柏

【学名】*Juniperus chinensis* 'Pyramidalis'

【别名】蜀桧、桧柏

【科属】柏科 · 圆柏属

【识别特征】圆柏的栽培品种，常绿小乔木。树冠幼时尖塔形或圆锥形，老树则成广圆形；树皮灰褐色。枝密集向上，叶多为刺形叶，间有鳞形叶。花期 4 月，雌雄异株；球果翌年 10—11 月成熟。

列植

枝叶

【产地与习性】分布于内蒙古南部、华北、华东至两广北部，西至四川、云南。原多栽培于四川墓

地或公园内，故称蜀桧。中性树种，喜光又较耐阴；对气候和土壤的适应性强，深根性，侧根也很发达；对氯气、氟化氢和二氧化硫的抗性较强，能吸收一定数量的硫和汞，阻尘隔音效果良好。

【繁殖栽培】 常用播种或扦插繁殖。

【园林应用】 塔柏（蜀桧）树形优美，四季青翠，适应性强，用途较广。常用于陵园、墓地、甬道，或与宫殿式建筑相配合，在草坪绿地中数株成自然树丛栽植效果亦佳；小树还可盆栽观赏。因其常用于陵园、墓地，一般忌用于私家庭院。

红豆杉

【学名】 *Taxus wallichiana* var. *chinensis*（Pilg.）Florin

【别名】 观音杉、红豆树

【科属】 红豆杉科 · 红豆杉属

【识别特征】 常绿乔木，高可达 25 ~ 30 m。叶线形，较直，长 1.5 ~ 2.2 cm，螺旋状互生，叶缘微反曲；叶背面中脉上有乳头状凸起，中脉带与气孔带同色。种子扁卵圆形，种脐卵圆形；假种皮杯状，红色。

果实

【产地与习性】 我国特有种，分布于陕西南部、甘肃南部、安徽南部、浙江南部、湖北西部、湖南东南部、广西北部以及西南地区海拔 1 000 ~ 1 200 m 山地。中性树种，喜光稍耐阴；幼苗期生长缓慢，4 ~ 5 年后明显加快；喜湿润而排水良好的土壤，较耐寒，耐潮湿，忌酷热干燥。

【繁殖栽培】 常用播种繁殖，亦可在雨季用当年生枝扦插。

【园林应用】 红豆杉树体高大，树形端正，可孤植、丛植或列植，也可修剪成各种雕塑样式，是优良的园林观赏树木。

公园丛植

枝叶

罗汉松

罗汉松

【学名】 *Podocarpus macrophyllus*（Thunb.）Sweet

【别名】 罗汉杉、土杉

【科属】 罗汉松科 · 罗汉松属

【识别特征】 常绿乔木，高达 15 ~ 20 m。树冠广卵形，树皮灰色，浅裂；枝较短，开展，密生。叶线状披针形，螺旋状散生，先端渐尖，基部楔形，有短柄，上下两面有明显的中脉。花期 4—5 月，

公园孤植

种熟期 10—11 月;种子广卵形或球形,全部为肉质假种皮所包,生于肉质种托上,成熟时深紫或紫色,被白粉。因其种子形态似“罗汉”而得名。

【产地与习性】原产于我国华东、华南、西南等地,长江以南各地均有栽培;日本也有分布。垂直分布于海拔 1 000 m 以下地区。中性树种,喜光又较耐阴;喜排水良好的砂质壤土,叶耐潮湿,在海边也可良好生长;耐寒性较弱,在华北只能盆栽;抗病虫害能力较强,对多种有毒气体有一定的抗性。

【繁殖栽培】常用播种、扦插或嫁接繁殖。

【园林应用】罗汉松枝劲叶翠,树形优美,宜孤植、对植于厅堂之前作庭荫树,或群植、丛植于草坪边缘和山石坡的树丛林缘下,也宜作海岸防护林之用;矮化和斑叶品种是盆景、桩景的好材料。

公园孤植

公园丛植

果枝

雄花

2）常绿阔叶乔木

荷花玉兰

荷花玉兰

【学名】*Magnolia grandiflora* L.

【别名】广玉兰、荷花木兰

【科属】木兰科·木兰属

花枝

【识别特征】常绿大乔木，在原产地可高达30 m。树冠卵状圆锥形，树皮灰褐色，薄鳞片状开裂。叶片大，厚革质，长椭圆形，边缘微反卷，表面深绿色、光亮；小枝、叶背面密被锈色柔毛。花被片9～10，外轮3片淡绿色，内两轮乳白色。花期4—6月，花大、芳香；聚合果9—10月成熟，圆柱状长圆形或卵形，种子椭圆形或卵形。

【产地与习性】原产于北美洲东南部；我国长江以南各地引种栽培，生长良好。阳性，喜光，幼树耐阴，较耐寒；适生于深厚、肥沃、湿润之地，故在河岸、湖滨生长良好；不耐盐碱，具有较强的抗毒能力；根系深广，抗风力强。

树形

叶片

花

果实

【繁殖栽培】采用播种、扦插、嫁接、压条等繁殖。

【园林应用】广玉兰树姿端庄雄伟，绿荫浓密，花大洁白，清香宜人，为美丽的庭院观赏树种。在园林中孤植、列植、丛植皆甚相宜。

木莲

木莲

【学名】*Manglietia fordiana* Oliver

【别名】木莲果、乳源木莲

【科属】木兰科 · 木莲属

【识别特征】常绿乔木，高可达 20 m。树干通直，树冠广卵形；小枝、芽、花梗有红褐色绒毛。叶片革质，倒卵状长椭圆形，长 8 ~ 13 cm，宽 3.5 ~ 5 cm。花被片 9，花白色，花期 4—5 月，有微香；聚合果，卵状长圆形，种子 9—10 月成熟。

同属常用栽培种：

红花木莲 *Manglietia insignis*（Wall.）Bl. 小枝无毛或幼时节上有毛，叶革质，例卵状椭圆形；花芳香，花被 9 ~ 12 片，外轮 3 片褐色，中内轮乳白带粉色，花期 5—6 月。

【产地与习性】分布于福建、江西、湖南、广东、广西、云南等地。中性树种，喜光，稍耐阴；喜温暖、湿润气候，喜富含腐殖质的酸性土；稍耐低温，不耐干旱；幼苗在夏季需遮阴，冬季要防寒；深根性，须根少，移植要带土球。

【繁殖栽培】采用播种、嫁接、扦插繁殖。

【园林应用】木莲树形高大雄伟，枝叶繁茂，四季浓绿；花色洁白素雅，微香诱人。适用于公园、庭院绿化，可列植为行道树，孤植于窗前屋后稍荫蔽的地方，也可在草坪边缘丛植或群植配置。

花

果实

乐昌含笑

乐昌含笑

【学名】*Michelia chapensis* Dandy

【别名】大叶含笑、光叶含笑

【科属】木兰科 · 含笑属

【识别特征】常绿大乔木，高达 25 ~ 30 m。树皮灰色至深褐色；叶薄革质，长圆状倒卵形，有光泽。3—5 月开花，花被 6 片，淡黄色，具芳香；聚合果长圆形，8—9 月种熟。

【产地与习性】原产于江西、湖南、广东、广西、贵州等地。庭院常见栽培。阳性，喜光，苗期喜阴；喜温暖湿润的气候，亦较耐寒；喜排水良好的酸性至微碱性土壤，能耐地下水位较高的环境，在过于干燥的土壤中生长不良。

【繁殖栽培】常用播种繁殖。

【园林应用】乐昌含笑树干挺拔，树荫浓郁，四季翠绿，花香宜人；可孤植或丛植于园林中，亦可列植作行道树，是优良的四旁绿化树种。

枝叶

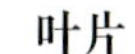

叶片

花

树形

深山含笑

深山含笑

【学名】*Michelia maudiae* Dunn

【别名】大花含笑

【科属】木兰科 · 含笑属

【识别特征】常绿大乔木，高可达20～25 m，全株无毛。叶宽椭圆形，叶面深绿色，叶背有白粉，中脉隆起，网脉明显。花大，直径10～12 cm，白色，芳香，花被9片，花期3—4月，果熟期8—10月。

【产地与习性】分布于浙江、福建、湖南、广东、广西、贵州等地，庭院常见栽培。阳性树种，喜光，幼树稍耐阴；喜温暖湿润气候，有一定耐

花

寒能力；根系发达，土壤适应性较强；自然更新能力强，4～5 年生即能开花；抗干热，对二氧化硫的抗性较强，病虫害少，是一种速生的常绿阔叶用材树种。

叶片

叶片

果实

【繁殖栽培】主要采用种子繁殖，亦可扦插、压条或以木兰为砧木嫁接繁殖。
【园林应用】深山含笑生长速度快，冠大荫浓，枝叶光洁，花大而早开，是早春优良的芳香观花树种，在公园中孤植、丛植、群植均相宜；同时也是优良的四旁绿化树种。

白兰

白兰

【学名】*Michelia* × *alba* DC.
【别名】黄桷兰、白兰花
【科属】木兰科 · 含笑属
【识别特征】常绿乔木，高可达 17 m，呈阔伞形树冠；胸径可达 50 cm；叶薄革质，长椭圆形或披针状椭圆形，长 10～27 cm，宽 4～9.5 cm，先端长渐尖或尾状渐尖，基部楔形，两面网脉均很明显；托叶痕达叶柄中部。花白色，极香；花被片 10，披针形；花期 4—9 月，夏季盛开，通常不结实。聚合蓇葖熟时鲜红色。
【产地与习性】原产于印度尼西亚爪哇，现广为栽培欣赏。性喜光照，怕高温，不耐寒，适合于微酸性土壤。喜温暖湿润，不耐干旱和水涝，对二氧化硫、氯气等有毒气体比较敏感且抗性差。
【繁殖栽培】多采用压条或以木兰为砧木嫁接繁殖。
【园林应用】白兰花株形直立有分枝，在南方可露地庭院栽培。北方可盆栽观赏。作为一种香料植物，白兰花还可以兼作香料和药用。

树形

花

叶片

花

香樟

【学名】 *Cinnamomum camphora*(L.)Presl

【别名】 樟树

【科属】 樟科·樟属

老叶红色

【识别特征】 常绿大乔木,高可达 30 m,胸径可达 3 m。树冠卵球形,树皮灰褐色,纵裂。单叶互生,卵状椭圆形,离基三出脉,脉腋有腺体,揉之有芳香,叶两面无毛。花期 4—5 月,圆锥花序腋生于新枝,花小,花被淡黄绿色,6 裂;雄蕊 3~4 轮,第四轮通常退化。核果球形,10—11 月成熟,熟时紫褐色,果托浅杯状。

【产地与习性】 产于我国南方及西南地区,各地多有栽培;越南、朝鲜、日本有分布。阳性,喜光,幼树耐阴;喜温暖湿润气候,耐寒性差;喜深厚肥沃的酸性或中性砂壤土,不耐水涝与盐碱;抗有毒气体与烟尘污染,生命力强,寿命长;大树移栽成活率高。

花枝

果实

行道树

丛植

【繁殖栽培】常用播种繁殖。

【园林应用】香樟树冠开阔,姿态雄伟,枝叶茂密,宜作庭荫树、行道树及营造防护林、风景林等;配植于池边、湖畔以及山坡、平地,皆甚相宜。

银木

银木

行道树

【学名】*Cinnamomum septentrionale* Hand. ~ Mazz.

【别名】大叶樟、四川大叶樟

【科属】樟科 · 樟属

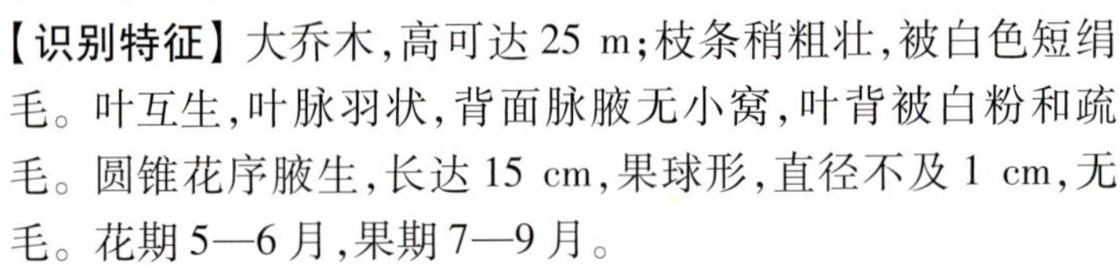

【识别特征】大乔木,高可达 25 m;枝条稍粗壮,被白色短绢毛。叶互生,叶脉羽状,背面脉腋无小窝,叶背被白粉和疏毛。圆锥花序腋生,长达 15 cm,果球形,直径不及 1 cm,无毛。花期 5—6 月,果期 7—9 月。

【产地与习性】产于重庆、四川,成都、重庆、昆明常见栽培。生于山谷或山坡上,海拔 600 ~ 1 000 m。喜温暖气候,喜光,稍耐阴,深根性,萌芽性强,寿命长达数百年。土壤较好的地方 5 年生苗高可达 5 m。

【繁殖栽培】常用播种繁殖。

【园林应用】银木树冠开阔,枝叶茂密,宜作庭荫树、行道树、风景林等;孤植、列植、丛植、林植皆相宜。

花

叶和果

天竺桂

【学名】*Cinnamomum japonicum* Siebold

【别名】大叶天竺桂、桂皮、山桂皮

【科属】樟科 · 樟属

【识别特征】常绿乔木,高可达 15 m,胸径可达 35 cm。枝条细弱,圆柱形,小枝、叶两面柄均无毛。叶离基三出脉,果托边缘极全缘或具浅圆齿。圆锥花序腋生,与花梗均无毛。花期 4—5 月,果期 7—9 月。

花序

【产地与习性】分布于我国、朝鲜、日本，生于海拔 300～1 000 m 或以下的低山或近海的常绿阔叶林中。喜温暖气候，喜光，也耐阴，对土壤要求不严，耐寒、耐旱、病虫害少。

天竺桂

【繁殖栽培】常用播种和扦插繁殖。

【园林应用】天竺桂由于其长势强，树冠扩展快，并能露地过冬，加上树姿优美、抗污染、观赏价值高、病虫害很少的特点，常被用作行道树或庭园树种栽培。同时，也用作造林栽培。

树皮

叶片

花

黑壳楠

叶片

【学名】*Lindera megaphylla* Hemsl.

【别名】大楠木

【科属】樟科 · 山胡椒属

【识别特征】常绿乔木，树皮灰黑色。枝条紫黑色圆柱形，粗壮，小枝无毛，叶互生，薄革质，倒披针形至狭椭圆形，长 10～18 cm，无毛，羽状脉，伞形花序多花，雄花黄绿色，花丝被疏柔毛，果椭圆形至卵形，果梗粗糙，果托碗状。花期 2—4 月，果期 9—12 月。

【产地与习性】产于我国黄河流域以南地区；越南、朝鲜、日本有分布。属于亚热带树种，喜温暖湿润气候。河南是其分布的最北缘。具有明显的耐高温、耐干旱特点，抗寒性一般，大树可忍耐-17 ℃的极端低温。光中性植物，耐阴性好，幼苗及幼树耐阴性较强。喜深厚、肥沃、排水良好的酸性至中性土壤，对土壤的适应性较强。

果实

花

【繁殖栽培】常用播种繁殖。

【园林应用】黑壳楠四季常青,树干通直,树冠圆整,枝叶浓密,青翠葱郁,秋季黑色的果实如繁星般点缀于绿叶丛中,观赏效果好,是极具发展潜力的园林绿化树种。

楠木

楠木

【学名】*Phoebe zhennan* S. Lee et F. N. Wei

【别名】桢楠

【科属】樟科 · 楠属

【识别特征】常绿大乔木,国家二级保护渐危种,最高可达 30 m 以上,胸径可达 1 m。树干通直,小枝通常较细,被灰黄色或灰褐色柔毛。叶椭圆形,或长圆形,少为倒披针形,长 7 ~ 11 cm,宽 2.5 ~4 cm,先端渐尖,基部楔形,上面光亮无毛,下面密被柔毛,侧脉每侧 8 ~ 13。聚伞状圆锥花序,果椭圆形,宿存花被片卵形,革质、紧贴于果实的基础。花期 4—5 月,果期 9—10 月。

【产地与习性】分布于四川、湖北、贵州、湖南等地。成都平原广为栽植。野生的多见于海拔 1 500 m 以下的阔叶林中。喜湿耐阴,喜土层深厚、肥润的山坡及山谷冲积地。

【繁殖栽培】常用播种繁殖。

【园林应用】楠木是我国特有的珍贵木材,现存林分多系人工栽培的半自然林和风景保护林,在庙宇、村舍、公园、庭院等处尚有少量的大树。其四季常青,树干通直,观赏性佳,适宜作行道树、丛植、背景林等。

叶片

树形

苦槠

【学名】*Castanopsis selerophylla* (Lindl.) Schottky

【别名】苦槠栲

【科属】壳斗科 · 栲属

【识别特征】常绿乔木,高达 15 ~20 m。树冠圆球形,树皮暗灰色,纵裂;枝具顶芽,芽鳞多数,小枝绿色,无毛,常有棱沟。叶长椭圆形,中部以上有锯齿,叶背面有灰白色或浅褐色蜡层,革质,螺旋状排列;花期 5 月;10 月果熟,壳斗杯形,坚果褐色。

【产地与习性】分布于我国长江中下游以南各地海拔1 000 m以下山地杂木林中。阳性，喜光，幼树耐阴；喜温暖湿润气候、中性和酸性土壤；深根性，耐干旱瘠薄。

【繁殖栽培】常用播种繁殖。

【园林应用】苦槠枝叶浓密，常年绿茂，可作为庭荫树或境界树；并有防风、避火作用，可作防风林、针阔混交林或水源涵养林。

群植

叶片

果与叶

果实

杜英

【学名】*Elaeocarpus decipiens* Hemsl.

【别名】山杜英、胆八树

【科属】杜英科 · 杜英属

【识别特征】常绿乔木，高15～20 m。树冠卵球形，树皮深褐色，平滑不裂。小枝红褐色，幼枝疏生短柔毛，后无毛。叶革质，单叶互生，深绿色，倒卵状披针形，先端钝尖，基部楔形，边缘疏生钝锯齿，老叶深红色。花期6—7月，花瓣5片，子房有绒毛；10—11月果熟，核果，椭圆形。

【产地与习性】产于浙江、江西、福建、台湾、湖南、广东、贵州等地；泰国、越南、老挝也有分布。

中性,喜光,也较耐阴;喜温暖湿润的环境,稍耐寒;在排水良好的酸性土中生长良好;根系发达,萌芽力强,耐修剪,移栽成活率高;对二氧化硫抗性强。

【繁殖栽培】常用播种或扦插繁殖。

【园林应用】杜英枝叶繁茂,葱茏浓郁,霜后老叶部分绯红,红绿相间,鲜艳悦目。适于丛植、片植,宜作树丛的常绿基调树种和花木的背景树,或列植成绿墙,有隐蔽遮挡之作用;同时因其叶茂常青,适于作隔声防噪林的中层树种;对有毒气体的抗性强,可选作有污染的厂矿绿化树。

花枝

果实

树形

老叶变红

榕树

榕树

【学名】*Ficus microcarpa* L. f.

【别名】榕、小叶榕

【科属】桑科 · 榕属

【识别特征】常绿大乔木,高可达 20 ~ 25 m。在湿润的空气中生长气生根;叶革质,卵状椭圆形，长 4 ~ 8 cm，全缘；花序球形，无梗。

【产地与习性】产于福建、台湾、广东、海南、香港、广西、贵州、云南等地；印度、缅甸等地也有分布。光中性，喜光又耐阴；喜温暖湿润气候，不耐寒；适生于微酸性土壤，稍耐水湿；对有害气体抗性不强。

叶片

树形与气生根

【繁殖栽培】常用播种、扦插、分蘖、压条等法繁殖。

【园林应用】榕树树体雄伟，冠大荫浓，四季常青，巨大的气生根别具一格；宜作庭荫树、行道树及园景树，孤植、列植、丛植皆相宜，均能体现南国风光。在浙江温州以南地区可露地栽植，其他地区宜盆栽观赏。

菩提树

菩提树

【学名】*Ficus religiosa* L.

【别名】思维树

【科属】桑科 · 榕属

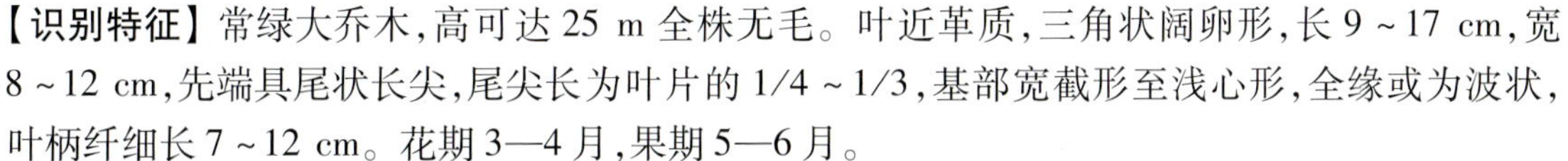

【识别特征】常绿大乔木，高可达 25 m 全株无毛。叶近革质，三角状阔卵形，长 9 ~ 17 cm，宽 8 ~ 12 cm，先端具尾状长尖，尾尖长为叶片的 1/4 ~ 1/3，基部宽截形至浅心形，全缘或为波状，叶柄纤细长 7 ~ 12 cm。花期 3—4 月，果期 5—6 月。

【产地与习性】原产于印度；广东、福建、云南、重庆等地有栽培。

【繁殖栽培】常用播种、扦插等繁殖。

【园林应用】菩提树对二氧化硫、氯气抗性中等，对氢氟酸抗性强。同时它树形高大，枝繁叶茂，冠幅广展，优雅可观，是优良的观赏树种，宜作庭院树、行道树，可孤植、列植等。

叶片

树形

木荷

熟果

【学名】*Schima superba* Gardn. et Champ.

【别名】荷木、荷树

【科属】山茶科 · 木荷属

【识别特征】常绿大乔木,高可达 30 m。树干通直,树皮灰褐色,块状纵裂。叶革质,椭圆形或卵状长椭圆形,先端渐尖或短尖,基部楔形,叶缘有浅钝锯齿;叶深绿色,无毛;新叶初发呈红色,鲜艳悦目。花期 6—7 月,花单生于近枝顶叶腋或数朵集生枝顶,白色或淡红色,具芳香。蒴果近球形,木质,花萼宿存,翌年 10—11 月成熟,种子肾形,扁平,边缘具翅。

【产地与习性】分布于我国华东、华南及西南地区。中性树种,喜光,稍耐阴;喜温暖、湿润气候;适生于土壤肥沃、排水良好的酸性土壤,在碱性土质中生长不良;生长速度中等,抗风雪能力强;对有毒气体有一定的抗性。

花

幼果

【繁殖栽培】以播种繁殖为主。

【园林应用】木荷树干端直,枝叶浓密,与其他常绿阔叶树混交成林,生长甚佳。园林上宜作公园绿地背景树或树丛种植,也宜在山坡、溪谷营建风景林。因其叶片肉厚,不易燃烧,林业上常用作防火林。

杨梅

【学名】*Morella rubra* Lour.

【别名】树梅

【科属】杨梅科·杨梅属

【识别特征】常绿乔木,高 10~15 m。树冠近球形,树皮灰色。单叶互生,倒披针形,先端较钝,基部狭楔形,全缘或在端部有浅齿,表面深绿色,背面色稍淡,有金黄腺体,无托叶。花雌雄异株,单性,雄花序圆柱形,紫红色,雌花序卵形或球形,花期 1—2 月;核果球形,外果皮紫红色或乳白色,多汁,果熟期 6—7 月。

果实

【产地与习性】主要分布于我国长江以南各地,以浙江栽培最多。为亚热带中性树种,喜光,稍耐阴,怕烈日直射;喜温暖湿润气候,不耐寒;喜酸性土壤,深根性,对二氧化硫、氯气等有毒气体的抗性较强。

【繁殖栽培】采用嫁接、压条或播种繁殖。

【园林应用】杨梅枝繁叶茂,绿荫深浓,初夏红果满树,赏心悦目,是优良的庭院观赏树种。可孤植、丛植于草坪、庭院,也可列植于路旁,或适当密植用以分割空间或作为城市隔音林带的中层基调树种。

果实

花序

树形

枇杷

【学名】*Eriobotrya japonica*(Thunb.)Lindl.

【别名】卢橘

【科属】蔷薇科·枇杷属

【识别特征】常绿乔木,高 10~15 m。单叶互生,具短柄或无柄,叶大,革质,倒披针状椭圆形,边缘上部有疏粗锯齿,先端尖,基部楔形,叶面多皱,有柔毛。11—12 月开花,白色;果近圆球形，翌年6—7月成熟，橙黄色。

【产地与习性】原产于我国南部，四川、湖北尚有野生，浙江塘栖、江苏洞庭及福建莆田都是枇杷的有名产地；越南、缅甸、印度、日本也有栽培。为暖地中性树种，喜光，稍耐阴；喜温暖湿润的环境，耐寒性差；对土壤的适应性较强；花期忌风，幼果期畏霜冻；生长缓慢，寿命较长。

【繁殖栽培】常采用播种、嫁接繁殖，也可在夏末进行软枝扦插。

果实

【园林应用】枇杷树形宽大整齐，叶大荫浓，特别是初夏黄果累累，呈现"树繁碧玉叶，柯叠黄金丸"之景。宜孤植或丛植于庭园、草地边缘或园路转角处；在江南园林中常配植在亭旁、院落之隅，其间点缀山石、花卉，景色别致。

树形

叶与花

羊蹄甲

羊蹄甲

【学名】*Bauhinia purpurea* L.

【别名】白花羊蹄甲

【科属】豆科 · 羊蹄甲属

【识别特征】常绿小乔木，高7～10 m；树皮厚，近光滑；叶硬纸质，近圆形，基部浅心形，先端分裂达叶长的1/3～1/2，裂片先端圆钝。总状花序侧生或顶生，少花，长6～12 cm，有时2～4个生于枝顶而成复总状花序；花瓣桃红色，倒披针形，长4～5 cm，具脉纹和长柄；能育雄蕊3。花期9—11月；果期2—3月。

【产地与习性】产于我国南部；中南半岛、印度、斯里兰卡有分布。我国华南各地可露地栽培，其他地区均作盆栽，冬季移入室内。性喜温暖湿润、多雨的气候和阳光充足的环境，喜土层深厚、肥沃、排水良好的偏酸性砂质壤土。适应性强，有一定耐寒能力，我国北回归线以南的广大地区均可以越冬。

【繁殖栽培】常采用播种、扦插、压条等繁殖。

【园林应用】世界亚热带地区广泛栽培于庭园，供观赏及作行道树。

叶片

花

红花羊蹄甲

【学名】*Bauhinia* × *blakeana* Dunn

【别名】红花紫荆

【科属】豆科 · 羊蹄甲属

【识别特征】常绿乔木,树高 6 ~ 10 m。叶革质,圆形或阔心形,顶端二裂,状如羊蹄,裂片约为全长的 1/3,裂片端圆钝。总状花序具多花,顶生或腋生。有时呈圆锥花序。花瓣红色或红紫色;花大如掌,10 ~ 12 cm;花瓣 5,其中 4 瓣分列两侧,两两相对,而另一瓣则翘首于上方,形如兰花;花香,有近似兰花的清香。发育雄蕊 5,其中 3 枚较长,通常不结实,花期几乎全年,3—4 月最盛。

花

树形

【产地与习性】产于亚洲南部，世界各地广泛栽植。性喜温暖湿润、多雨的气候及阳光充足的环境，喜土层深厚、肥沃、排水良好的偏酸性砂质壤土。适应性强，有一定耐寒能力。

【繁殖栽培】扦插繁殖为主，嫁接繁殖为次。

【园林应用】红花羊蹄甲是美丽的观赏树木，花大，紫红色，盛开时繁英满树，终年常绿繁茂，颇耐烟尘，非常适于作行道树、庭荫树。

红千层

红千层

【学名】*Callistemon rigidus* R. Br.

【别名】红瓶刷

【科属】桃金娘科·红千层属

【识别特征】常绿小乔木，高可达 6 m。幼枝和幼叶有白色柔毛。叶片坚革质，线形，中脉在两面均突起，侧脉明显。穗状花序生于枝顶；花瓣绿色，卵形，叶互生，线形。穗状花序，花丝红色。花期长，花期 6—10 月，果期 8—12 月。

【产地与习性】原产于澳大利亚，属热带树种；引进我国后，多地都有栽种。喜光树种，性喜温暖湿润气候，耐-5 ℃低温和 45 ℃高温，生长适温为 25 ℃左右。对水分要求不严，但在湿润的条件下生长较快。能耐烈日酷暑，不耐严寒，喜肥沃、酸性土壤，也耐瘠薄。

【繁殖栽培】主要采用播种、扦插繁殖。

【园林应用】红千层株形美观，花开珍奇美艳，花期长，花数多，每年盛开时如一支支艳红的刷子，甚为奇特。适合作庭院美化树、行道树、风景树，并可修剪整枝成盆景。由于极耐旱耐瘠薄，也可在城镇近郊荒山或森林公园等处栽培，还可用于沿路、沿江河生态景观建设。

花

树形

秋枫

秋枫

【学名】*Bischofia javanica* Bl.

【别名】常绿重阳木

【科属】大戟科 · 秋枫属

【识别特征】常绿或半常绿大乔木,高可达 40 m。树干圆满通直,老树皮粗糙,小枝无毛。三出复叶,小叶倒卵形或椭圆状卵形,边缘有较稀疏的锯齿,圆锥花序,4—5 月开花,8—10 月结果。

【产地与习性】产于我国华南、西南地区,北至华中南部,亚洲东部、东南部至澳大利亚皆有分布,为我国南方及西南地区广泛栽培。性喜光,幼树稍耐阴,喜水湿,在土层深厚、湿润肥沃的砂质壤土生长特别良好。

【繁殖栽培】主要以播种繁殖。

【园林应用】树叶繁茂,冠幅圆整,树姿壮观。宜作庭园树和行道树,也可在草坪、湖畔、溪边、堤岸栽植。

树形

果实

叶片

罗浮槭

罗浮槭

【学名】*Acer fabri* Hance

【别名】红翅槭

【科属】槭科 · 槭属

【识别特征】常绿乔木,高可长至约 10 m。树皮灰褐色,小枝圆柱形,当年生枝绿色,多年生枝绿色或绿褐色。叶革质,披针形或长圆披针形,长 7 ~ 11 cm,宽 2 ~ 3 cm,全缘,基部楔形,先端锐尖;花杂性,雄花与两性花同株,萼片 5,紫色,花瓣 5,白色。小坚果凸起,花期 3—4 月,果期 9 月。

【产地与习性】产于广东、广西、江西、湖北、湖南、四川,生于海拔 500 ~ 1800 m 的疏林中。幼苗及幼树期耐阴性较强,喜温暖湿润及半阴环境,适应性较强,喜深厚疏松肥沃土壤,酸性或微碱性土壤皆可生长,在较干燥和土壤较瘠薄的条件下造林也能生长。

【繁殖栽培】主要以播种繁殖。

【园林应用】树冠紧密,姿态婆娑,枝繁叶茂,春天嫩叶鲜红色,老叶终年翠绿,夏天红色翅果缀满枝头，是一种优美的庭园观赏树。

果实

果实

柚

【学名】*Citrus maxima*（Burm.）Osbeck

【别名】柚子、香泡

【科属】芸香科 · 柑橘属

【识别特征】常绿乔木，高 10 ~ 15 m。小枝有毛，具短枝刺。叶卵状椭圆形，先端短尖，上半部缘有钝齿，叶柄具宽大倒心形之翼。3—4 月开花，花两性，白色，单生或簇生叶腋。果近球形或梨形，直径 15 ~ 20 cm，果皮柠檬黄色，粗厚具芳香，9—10 月成熟，挂果期长。

【产地与习性】原产于东南亚；在我国已有 3 000 多年栽培历史。中性树种，喜光，幼树稍耐阴；喜温暖湿润气候，不耐寒冷；适生于深厚、肥沃而排水良好的中性或微酸性砂质壤土，在过分酸性及黏土地区生长不良。

【繁殖栽培】采用播种、嫁接、扦插、空中压条等繁殖。

树形

叶片

【园林应用】柚为亚热带重要果树之一；成熟期较早，耐贮藏，果实可鲜食，果皮可作蜜饯；硕大的果实金黄悦目,芳香宜人,且挂果期长,具有很好的观赏价值。宜在庭院中孤植作庭荫树,也可在公园内列植作行道树或丛植配景。其根、叶、果皮均可入药,有消食化痰、理气散结之效。

花

果实

木犀

桂花

【学名】*Osmanthus fragrans* Lour.

【别名】桂花、岩桂、八月桂

【科属】木犀科·木犀属

【识别特征】常绿乔木,高 10～15 m。树皮灰色,不裂;芽叠生;单叶对生,长椭圆形,革质,端急尖或渐尖,基部楔形或阔楔形,幼树或萌芽枝上的叶疏生于叶腋。花聚伞状簇生于叶腋,花期 9—10 月,花小,黄白色,浓香;核果椭圆形,紫黑色。

树形

园林主要栽培变种:

金桂 cv. *thunbergii* 花金黄色至深黄色,香气浓郁。

银桂 cv. *latifolius* 花近白色或黄白色,香气较浓。

丹桂 cv. *aurantiacus* 花橘红色或橙黄色,香味淡。

四季桂 cv. *semperflorens* 花黄白色,香味淡,一年多次开花。

【产地与习性】原产于我国西南部,现广泛栽培于长江流域各地,华北多盆栽。阳性,喜光,稍耐阴;有一定的抗寒能力,不耐水涝与盐碱,对二氧化硫、氟化氢等有一定的抗性;有些年份可开二次花。

【繁殖栽培】采用嫁接、扦插、压条或播种繁殖。

【园林应用】木犀主干端直,树冠圆整,四季常青,金秋时节花香诱人,其花是我国传统十大名花之一。在园林中常作庭荫树、园景树,孤植、对植、列植、丛植无不相宜;对有害气体有一定的抗性,也是工矿厂区绿化的优良树种。

金桂

银桂

丹桂

金桂

女贞

女贞

【学名】 *Ligustrum lucidum* Ait.

【别名】 冬青、桢木、蜡树、大叶女贞

【科属】 木犀科 · 女贞属

【识别特征】 常绿大乔木，高达 20～25 m。树皮灰色，小枝具皮孔。单叶对生，革质，卵状披针形，全缘，无毛。圆锥花序顶生，花期 6—7 月，花小，白色；核果近肾形，当年 10—11 月成熟，蓝黑色，挂果至翌年 3 月。

【产地与习性】 产于我国长江流域及以南各地，华北与西北地区也有栽培。阳性，喜光，稍耐阴；喜温暖湿润气候，适应性强；根系发达，萌芽力强，耐修剪，移栽成活率高；对二氧化硫、氯气、氟化氢等有毒气体有较强的抗性。

【繁殖栽培】 常用播种或扦插繁殖。

【园林应用】 女贞枝叶清秀，终年常绿，夏日满树白花，宜在草坪边缘、建筑物周围、街坊绿地、庭院角隅孤植或于园路两旁列植，或作隐蔽树栽植。女贞不仅对二氧化硫抗性强，而且能吸收，对氯化氢亦有一定抗性，并能抗烟尘污染，是公路、工矿厂区绿化的优良树种。

花序

果实

3.1.2 落叶乔木

落叶乔木是指每年秋冬季节或干旱季节叶片全部脱落的乔木。一般指温带的落叶乔木，如山楂、梨、苹果等，落叶是植物减少蒸腾、度过寒冷或干旱季节的一种适应，这一习性是植物在长期进化过程中形成的。落叶的原因是由短日照引起植物内部生长素减少和脱落酸增加，进而产生离层的结果。

1）落叶针叶乔木

金钱松

【学名】 *Pseudolarix amabilis*（*J. Nelson*）Rehd.

【别名】 金松

【科属】 松科 · 金钱松属

【识别特征】 落叶大乔木，高可达 30～40 m，胸径达 2.5 m。树干通直挺秀，树冠宽塔形；树皮粗糙，深裂成不规则鳞状块片。大枝不规则轮生，平展；叶在长枝上螺旋状排列，散生，在短枝上簇生状，辐射平展呈圆盘形，条形叶，柔软。雄球花簇生于短枝顶端，雌球花单生短枝顶，花期 4—5 月；球果 10—11 月成熟，直立，有短梗；种鳞卵状披针形，木质，熟时脱落；种子卵圆形，上部有宽翅。

秋景

【产地与习性】 产于安徽、江苏、浙江、江西、湖北、四川等地。阳性，喜光，喜温凉湿润气候；能耐短时低温，不耐干旱、盐碱与积水；深根性，抗风力强；枝条坚韧，抗雪压；抗病虫害能力较强。

【繁殖栽培】 常用播种繁殖。

【园林应用】 金钱松为世界五大园景树之一，国家二级保护物种。树姿雄伟，高雅俊秀，为珍贵的观赏树木。因叶在短枝上簇生成圆形如铜钱，又深秋叶色金黄，故名。可在公园内孤植、列植、丛植，或在公园边缘群植成背景树，亦可做成盆景。

叶片

秋叶

水松

水松

【学名】*Glyptostrobus pensilis*（Staunton ex D. Don）K. Koch

【别名】水石松

【科属】杉科·水松属

【识别特征】落叶或半常绿乔木，高 10～15 m，罕达 25 m。树冠圆锥形，树皮呈扭状长条浅裂，干基部膨大，有屈膝状呼吸根。枝条稀疏，大枝平展或斜伸，枝绿色。叶互生，有三型：鳞形叶小，螺旋状着生主枝上，冬季宿存；在一年生短枝及萌枝上有条状钻形叶及条形叶，常排成 2～3 列假羽状，冬季与小枝一起脱落。球花单生于枝顶，花期 1—2 月；球果倒卵形，种鳞木质，扁平，10—11 月成熟后渐脱落；种子椭圆形而微扁，褐色，基部有尾状长翅。

叶片

秋景

【产地与习性】我国特有树种，产于福建、江西、广东、广西、四川、云南等地，现长江流域以南各地有栽培。强阳性树种,极喜光,喜温暖湿润气候,不耐低温;根系发达,极耐水湿,在沼泽地呼吸根发达,在排水良好土壤则呼吸根不发达,干基也不膨大;土壤适应性强,唯忌盐碱土,最宜生长于富含水分的冲积土。

【繁殖栽培】常用种子繁殖,也可采用扦插法育苗。

【园林应用】水松树形美观,最宜河边、湖畔及低湿处栽植,若于湖中小岛群植数株,尤为雅致,亦可植于田埂作防风护堤之用。英国于19世纪末从我国引种栽培,常作为庭园珍品及盆栽观赏。

水杉

水杉

【学名】*Metasequoia glyptostroboides* Hu et Cheng

【别名】水桫

【科属】杉科 · 水杉属

【识别特征】落叶大乔木,高可达30~35 m,胸径达2 m。树干通直,树冠圆锥形;树皮灰色或淡褐色,浅裂。大枝不规则轮生,小枝对生;叶线形,对生,排列成羽状。3—4月开花,雌雄同株;果近球形,微具四棱,有长梗,种鳞木质,先端凹缺;11月果熟,种子扁平,倒卵形或长圆形。

叶片

果实

秋叶

公园群植

【产地与习性】分布于重庆石柱与湖北利川交界的水杉坝及湖南龙山等地,海拔750~1 500 m,

为我国特有孑遗树种，国家重点保护植物之一。1948 年被发现后，在国内各地广泛栽植，且国外有 50 多个国家和地区引种栽培。阳性，喜光，不耐阴；喜温暖、湿润气候，较耐寒；适应性强，耐干旱瘠薄，耐水湿；病虫害较少。

【繁殖栽培】常用播种、扦插繁殖。

【园林应用】水杉是我国特产稀有珍贵树种，为第四纪冰川时期留存的孑遗木本植物之一。生长迅速，树姿优美，叶色秀丽，可孤植、列植、丛植或群植配置，是庭园、风景区绿化的重要树种，也是良好的造纸用材。

落羽杉

树形

落羽杉

【学名】*Taxodium distichum*(Linn.) Rich.

【别名】落羽松

【科属】杉科 · 落羽杉属

【识别特征】落叶大乔木，在产地高达 40 ~ 50 m，胸径达 3 m。幼树冠呈圆锥形，老树则展开呈伞形；树干基部膨大，具屈膝状呼吸根。枝条平展，大树之小枝略下垂，一年生小枝褐色；叶细条形，扁平，先端尖，排成羽状 2 列，小叶互生。花期 5 月，球果次年 10 月成熟，呈圆球形或卵圆形，种子褐色。

【产地与习性】原产于美国东南部；我国长江流域及华南各大城市园林中常有栽培。强阳性树种，喜温暖湿润气候，亦较耐寒；极耐水湿，能生长于浅沼泽中；抗风能力强，寿命很长。

【繁殖栽培】常用播种、扦插繁殖。

【园林应用】落羽杉树形挺秀，整齐美观，近羽毛状的叶丛极为秀丽，入秋叶变成古铜色，是良好的秋色叶树种；最适于水旁配植，具有防风护岸之效。

叶片

果枝

池杉

池杉

【学名】*Taxodium distichum* var. *imbricatum* (Nutt.) Croom

【别名】池柏

【科属】杉科 · 落羽杉属

【识别特征】落叶大乔木，主干挺直，高达 20 ~ 25 m。树干基部膨大，常有屈膝状的呼吸根，在低湿地生长者膝根尤为显著；为落羽杉变种。树冠尖塔形，树皮褐色，纵裂；大枝平展或向上斜展，侧生小枝无芽。叶锥形，略内曲，在枝上螺旋状生长，下部多贴近小枝，基部下延，先端渐尖。花期 3—4 月，雌雄同株；球果近圆形，10—11 月成熟，种子不规则三角形，边缘有锐脊。

【产地与习性】原产于美国东南部；我国长江流域及以南地区常有栽培。强阳性树种，不耐阴；喜温暖湿润环境，稍耐寒；适生于深厚疏松的酸性或微酸性土壤；耐涝，也较耐旱，不耐盐碱；枝干富韧性，抗风力强。

【繁殖栽培】常用播种、扦插繁殖。

【园林应用】池杉树干挺拔，形态优美，枝叶秀丽，观赏价值高。适生于水滨湿地，可在河边和低洼水网地区种植，或在园林中作孤植、列植、丛植、片植配置。

春季枝叶

果实

秋景

树形

2) 落叶阔叶乔木

银杏

银杏

【学名】 *Ginkgo biloba* Linn.

【别名】 白果树、公孙树

【科属】 银杏科 · 银杏属

【识别特征】 落叶大乔木,高达 30 ~40 m,胸径可达 3 m。树冠广卵形,树皮灰褐色,深纵裂;主枝斜出,近轮生,枝有长枝和短枝。叶扇形,有二叉状叶脉,顶端常 2 裂,基部楔形,有长柄;叶在长枝上互生,在短枝上簇生。花期 4—5 月;雌雄异株,球花生于短枝顶端的叶腋或苞腋;雄球花 4 ~6 朵,无花被,长圆形,下垂,呈柔荑花序状;雌球花亦无花被,有长柄。种子核果状,椭圆形,9—10 月成熟;外种皮橙黄色,肉质,有臭味;中种皮白色、骨质;内种皮薄质;胚珠可食。

【产地与习性】 为我国特产,最古老的孑遗植物之一。浙江西天目山尚有野生状态的银杏,我国沈阳以南、广州以北广为栽培;世界各大洲均有引种。阳性树种,不耐阴;耐寒性强,适应性广,较耐干旱,不耐积水;深根性,寿命很长,少数可达千年以上;对大气污染有一定的抗性。

【繁殖栽培】 以播种为主,也可扦插、嫁接或分蘖繁殖。

叶片

果实

秋叶

种子

【园林应用】 银杏为第四纪冰川后的孑遗植物。其树干挺拔,雄伟壮丽,冠阔如盖,叶形奇美,秋叶金黄，赏心悦目。在园林中宜孤植作庭荫树，列植作行道树；也可与其他色叶树种及常绿树种混植，秋季景色尤佳；老根古桩还可制作盆景观赏。

白玉兰

白玉兰

【学名】*Magnolia denudata* Desr.

【别名】玉兰、木兰、望春花

【科属】木兰科 · 木兰属

【识别特征】落叶乔木，高 10 ~ 15 m。树冠广卵形，树皮深灰色，老时粗糙开裂。花大，先叶开放。花被片 9，纯白色，稍有芳香。单叶互生，先端圆宽倒卵形，全缘。花期 2—3 月。聚合果圆柱形，果期 8—9 月，种皮鲜红色，种子斜卵形或宽卵形。

【产地与习性】产于我国中部地区，现国内外园林绿地普遍栽培。阳性树种，喜光，具较强的抗寒性；适生于土层深厚的微酸性或中性土壤，肉质根，畏涝忌湿，不耐盐碱；对二氧化硫、氟化氢等有毒气体有较强的抗性；深根性，寿命较长。

花

【繁殖栽培】可用播种、扦插、嫁接及压条等法繁殖。

【园林应用】白玉兰先花后叶，花朵洁白醒目，早春开花时犹如雪涛云海，蔚为壮观；为我国著名的传统观花树种，已有 2 500 多年的栽培历史。古时常在庭前院后与海棠类树木配植，名为玉兰堂；亦可在庭园路边、草坪角隅、亭台前后、漏窗内外或洞门两旁等处种植，古雅成趣。

花蕾

果实

种子

花

树形

二乔玉兰

【学名】*Magnolia soulangeana* Soul. ~ Bod.

【别名】二乔木兰

【科属】木兰科 · 木兰属

【识别特征】为玉兰与紫玉兰的杂交种，落叶乔木，高可达 10 ~ 15 m。小枝无毛；叶片卵状长椭圆形。花先叶开放，花朵外侧基部紫色，上部白色，内里白色；花被片 6 ~ 9 片，外轮三片常较短。花期 2—3 月，果期 9—10 月，聚合果，蓇葖卵形或倒卵形，熟时褐色，种子深褐色。

【产地与习性】在国内外庭园中普遍栽培。阳性树种，喜光，耐寒、耐旱性较父母本强；土壤适应性较广，但不耐低洼积水；对有毒气体有一定的抗性。

【繁殖栽培】常用播种、嫁接或扦插繁殖。

【园林应用】二乔玉兰抗性强，适应性广，花开时节繁花满枝，赏心悦目，宜孤植为庭荫树，列植为行道树，也可在草坪边缘、亭台前后丛植、群植，均甚相宜。

幼果

成熟果实

花

厚朴

厚朴

【学名】*Magnolia officinalis* Rehd. et Wils.

【科属】木兰科 · 木兰属

【识别特征】落叶乔木，树皮厚，褐色，可入药，小枝粗壮，淡黄色或灰黄色。叶椭圆状倒卵形，长 20 ~ 45 cm，侧脉整齐而显着 20 ~ 30 对。叶片近革质，先端具短急尖或圆钝，基部楔形，全缘或微波状。花叶后开放，白色或淡紫色，萼片与花瓣同形，径 10 ~ 15 cm，芳香；花梗粗短，被长柔毛。聚合果长圆状卵圆形，种子三角状倒卵形。花期 4—5 月，果期 8—10 月。

叶片

亚种凹叶厚朴 subsp. *biloba*（Rehder & E. H. Wilson）W. C. Cheng & Y. W. Law，与厚朴的主要区

别在于叶先端凹入、花叶同放,聚合果基部较窄。

【产地与习性】特产于我国中部及西部,树皮入药,能温中理气,燥湿散满。生于海拔 300 ~ 1 500 m 的山地林间。喜光,幼龄期需荫蔽,喜凉爽、湿润、多云雾、相对湿度大的气候环境,在土层深厚、肥沃、疏松、腐殖质丰富、排水良好的微酸性或中性土壤上生长较好,根系发达,生长快,萌生力强。

【繁殖栽培】常用播种、压条或扦插繁殖。

【园林应用】叶大荫浓,花大美丽,可作绿化观赏树种,多见于公园和风景名胜区。

果实

花

鹅掌楸

【学名】*Liriodendron chinense*(Hemsl.)Sarg.

【别名】马褂木

【科属】木兰科 · 鹅掌楸属

【识别特征】落叶乔木,高可达 30 ~ 40 m,胸径可达 2.5 m。树干挺拔,树皮灰色,老时交错纵裂;小枝灰色或灰褐色,具环状托叶痕。单叶互生,形似马褂,先端截形或微凹,叶柄长。花两性,单生枝顶,杯形,黄绿色,花期 4—5 月。聚合果纺锤形,种子 9—10 月成熟。

常用同属杂交品种:

杂交马褂木 *L. chinense* × *L. tulipifera* 由南京林业大学著名林木育种专家叶培忠教授于 1963 年以中国鹅掌楸为母本、北美鹅掌楸为父本杂交选育而成。其树形、叶、花皆与鹅掌楸相似,但生长势与抗逆性均明显优于鹅掌楸。现广泛种植于华北以南广大地区,其中"杂交马褂木之王"生长于(杭州富阳)中国林业科学研究院亚热带林业研究所办公楼前。

【产地与习性】分布于我国长江以南各地,现华北地区园林中也有栽培应用。阳性树种,喜光;深根性,耐干旱,耐寒性强,遇-20 ℃的低温不受冻害;在排水良好的酸性或微酸性的土壤上生长良好;生长快,抗性强,病虫害少,寿命较长。

【繁殖栽培】以播种为主,也可扦插繁殖。

【园林应用】鹅掌楸与杂交马褂木树形高大,树冠圆整,枝叶繁茂,绿荫如盖,春末夏初满树绿叶黄花,叶奇花美,蔚为壮观。宜作庭荫树与行道树,亦可丛植、群植于公园草坪角隅及街坊绿地;其对有害气体的抗性较强,也是工矿厂区绿化的良好树种。

树形

叶片

花

秋叶

檫木

树形

檫木

【学名】*Sassafras tzumu* (Hemsl.) Hemsl.

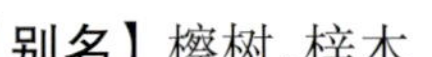

【别名】檫树、梓木

【科属】樟科・檫木属

【识别特征】落叶大乔木,高可达 25 ~ 30 m。树干通直,树冠圆满;树皮幼时黄绿色,平滑不裂,老时灰褐色,不规则深纵裂。小枝绿色无毛,叶多集生枝顶,卵形或倒卵形,全缘或有 2 ~ 3 裂,离基三出脉明显。花期 2 月中旬—3 月中旬,先叶开放;花两性,稀杂性异株,总状花序顶生,金黄色,稍有香味。核果近球形,熟时蓝黑色,外被白粉,果柄上部膨大成棒状,红色,果熟期 7—8 月。

【产地与习性】产于我国长江流域及以南地区山地,以浙江、江西、湖南、湖北一带为多。为亚热带树种,阳性,喜光,幼苗较耐阴;喜温暖湿润气候,不耐寒;喜生于酸性红壤及黄壤土,不耐旱,忌积水;深根性,萌蘖力强,生长快速;对二氧化硫有一定的抗性。

【繁殖栽培】常用播种或分蘖法繁殖。

【园林应用】檫木树干挺拔，姿态优雅，叶形奇特，花色金黄，是优美的庭园观赏树。可作庭荫树、行道树或与其他树种搭配栽植。

花

叶片

二球悬铃木

二球悬铃木

【学名】*Platanus acerifolia*（Ait） Willd.

【别名】悬铃木、英国梧桐

【科属】悬铃木科 · 悬铃木属

【识别特征】落叶大乔木，为三球悬铃木（法国梧桐）与一球悬铃木（美国梧桐）的杂交种，高达 30～35 m，胸径达 3 m。树皮薄片状不规则剥落，内皮淡绿白色，嫩枝叶密被褐黄色星状绒毛。叶大，掌状 3～5 裂，基部平截或微心形，中裂片长宽近相等。花期 4—5 月，头状花序，黄绿色；果期 9—10 月，果序以 2 个为主，花柱宿存，刺状。

树形

【产地与习性】在英国伦敦杂交培育而成；我国引种栽培有百余年历史，西北、华北、华东及以南省区常见栽培，生长良好。阳性树种，喜阳不耐阴，喜温暖湿润气候，亦耐寒；适应性强，耐干旱亦耐湿；深根性，生长迅速，萌芽力强，耐修剪；对烟尘、有害气体有较强的抗性。

【繁殖栽培】采用播种或扦插繁殖。

【园林应用】二球悬铃木树形雄伟端庄，树冠广阔，叶大荫浓，适应性与抗性强，故世界各地广泛应用，有“行道树之王”的美称，也是优良的庭荫树种。其对多种有毒气体抗性较强，并能吸收有害气体,作为街坊、厂矿绿化颇为合宜。

树皮

叶片

果实

枫香

枫香

【学名】*Liquidambar formosana* Hance

【别名】枫树、路路通

【科属】金缕梅科 · 枫香树属

【识别特征】落叶大乔木,高达 40 m。树冠宽卵形,树液具芳香。单叶互生,具托叶,掌状 3 裂,先端急尖,缘有锯齿,基部心形或截形,幼叶有毛,后渐脱落;秋季叶色由绿变黄再转红,揉搓叶片有香味。花期 3—4 月,花单性,雌雄同株,无花瓣;雄花无花被,头状花序常数个排成总状,花间有小鳞片混生;雌花长有数枚刺状萼片,头状花序。果期 10 月,蒴果木质,球形,刺状萼片宿存。

秋叶

树形

新引进同属栽培种：

北美枫香 *L. styraciflua* Linn. 落叶乔木，小枝红褐色，树皮上有木质瘤状凸起，枝上长有木质翅；深秋叶变为红色，比枫香的秋叶更鲜艳夺目，叶掌状 5～7 裂。

北美枫香

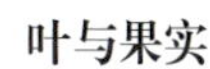

叶与果实

枫香果

果实

【产地与习性】分布于我国长江流域及以南各地；朝鲜、日本也有分布。阳性树种，喜光；喜温暖湿润气候和深厚湿润的酸性或中性土壤，耐干旱瘠薄，不耐长期水湿；对氯气、二氧化硫的抗性较强，并有较强的耐火性和抗风力。

【繁殖栽培】常用播种或扦插繁殖。

【园林应用】枫香树干挺拔，冠幅宽大，气势雄伟，入秋叶色转黄或红，为著名的秋色树种。宜作庭荫树与行道树，或丛植、群植于草坪、坡地及池畔；最宜与其他秋色树种混植，形成色彩亮丽、层次丰富的秋季景观。

桤木

【学名】*Alnus cremastogyne* Burk.

【别名】四川桤木

【科属】桦木科 · 桤木属

【识别特征】落叶大乔木，高 20～25 m。树干通直，树皮灰褐色，鳞状开裂。叶椭圆状倒披针形，先端突短尖，疏生细钝锯齿。花期 3—4 月；果熟期 10—11 月。

【产地与习性】产于四川、贵州北部、陕西南部，安徽、湖南、湖北、江西、浙江、江苏等地有栽培。阳性树种，喜光，喜温暖湿润气候，稍耐寒；对土壤适应性强，酸性至微碱性土均能生长，亦耐水湿及贫瘠干燥的环境。

【繁殖栽培】主要采用播种繁殖。

【园林应用】桤木树体高大，树枝开展，冠大荫浓，适宜于公园绿地及低湿地绿化，亦可作防护林、公路绿化、河滩绿化等，能起到固土护岸、改良土壤的作用。

树形

枝叶

花

果实

杜仲

【学名】*Eucommia ulmoides* Oliv.

【科属】杜仲科 · 杜仲属

【识别特征】落叶乔木，高 15 ~ 20 m。树冠卵圆形，小枝光滑，无顶芽，有片状髓心，枝、叶、果及树皮均有弹性丝状胶质。叶椭圆状卵形，缘有锯齿，叶表面网脉凹下，呈皱纹状，叶撕断后有丝状胶质相连。花单性，雌雄异株，无花被；雄花簇生，雌花单生于新梢基部；花期 4 月，叶前开放或与叶同放。翅果狭椭圆形，扁平，果熟期 9—10 月，黄褐色。

【产地与习性】我国特产，主产于我国中部及西部，秦岭、淮河以南广泛栽培，尤以四川、贵州、湖北为著名产区。阳性树种，喜光不耐阴；喜温暖湿润环境，亦耐寒；对土壤要求不严，轻度钙质

土、盐碱土也能适应，稍耐干旱及水湿；深根性，萌芽力强，生长速度较快。

【繁殖栽培】常用播种繁殖。

【园林应用】杜仲树干挺拔，枝叶舒展，树姿优美，叶绿油光，为理想的庭荫树，也可丛植于坡地、池边或与常绿树混交成林，均甚相宜。杜仲的树皮可作中药，具有活血化瘀之功效。

新叶

老叶

果实

叶含杜仲胶

榆树

榆树

【学名】*Ulmus pumila* Linn.

【别名】白榆、家榆

【科属】榆科·榆属

【识别特征】落叶大乔木，高可达 20～25 m。树干直立，枝条开展，形成圆球形树冠。树皮暗灰色，粗糙，纵裂；小枝灰色，细长，有柔毛。叶椭圆状卵形，边缘为不规则单锯齿。花期 3—4 月，先叶开放，紫褐色，簇生于去年生枝上。果期 5—6 月，翅果近圆形，先端有缺口，种子位于翅果中部。

【产地与习性】分布于我国东北、西北、华北及华东地区；俄罗斯、朝鲜半岛和日本也有。阳性树种，喜光，耐寒；适应性强，耐干旱，在石灰质冲积土及黄土上生长迅速，在低湿、瘠薄和盐碱地上也能生长；主根深，侧根发达，抗风、保土力强；萌芽力强，耐修剪；抗烟尘与多种有毒气体；虫害较多，应注意及早防治。

【繁殖栽培】以播种为主，宜采后即播，也可分蘖繁殖。

【园林应用】榆树树干通直，树体高大，叶茂荫浓，适应性强，在园林中常作庭荫树、行道树；在林业上是营造防风林、水土保持林和盐碱地造林的主要树种。其老干古根萌发力强,可自野外掘取制作盆景。

树形

叶片

榔榆

榔榆

树枝

【学名】*Ulmus parvifolia* Jacq.

【别名】桥皮榆、小叶榆

【科属】榆科 · 榆属

【识别特征】落叶大乔木,高 20 ~ 25 m。树冠宽球形,树皮灰褐色,不规则鳞片状剥落。叶小质硬,卵状椭圆形,先端尖,基部歪斜,缘具单锯齿,萌芽枝上常为重锯齿,羽状脉。花期 8 月,簇生于叶腋,花萼深裂;翅果卵圆形,形似小铜钱,顶部凹陷,果核居中,10 月成熟。

【产地与习性】主产于我国长江流域及以南地区,华北地区及江苏、浙江栽培较多;日本、朝鲜亦有分布。阳性树种,喜光,稍耐阴,能适应干凉气候;土壤适应性强,耐干旱瘠薄,在石灰质土也能生长;主根深,侧根发达,抗风力强;生长中速,萌生力强,耐修剪;对烟尘及二氧化硫等有毒气体有较强抗性;病虫害较多,要注意及早防治。

【繁殖栽培】以播种为主,亦可分蘖繁殖。

【园林应用】榔榆树形高大,姿态潇洒,适应性强,颇有野趣;对二氧化硫等多种有毒气体抗性强,耐烟尘,是城乡、厂矿绿化的优良树种,可作行道树、庭荫树或营造防护林等;老根古干,宜作盆景,颇耐观赏。

盆景

叶片

朴树

朴树

叶片

【学名】*Celtis sinensis* Pers.

【别名】沙朴、小叶朴

【科属】榆科·朴属

【识别特征】落叶大乔木,高 20 ~ 25 m。树皮灰褐色,平滑不开裂;枝条平展。单叶互生,叶卵状椭圆形,基部全缘,不对称,中部以上有浅锯齿,三出脉,背脉隆起并疏生毛。花期 4—5 月,淡绿色小花;果熟期 9—10 月,核果近球形,橙红色。

【产地与习性】产于我国淮河流域、秦岭以南至华南各省区,散生于平原及低山区,村落附近习见。阳性树种,喜光,稍耐阴,有一定的抗寒能力;对土壤的要求不严,耐轻度盐碱土;深根性,抗风力强;抗烟尘及有毒气体。

幼果

树形

【繁殖栽培】常用播种繁殖。

【园林应用】朴树树高冠宽,绿荫浓郁,姿态优美,是城乡绿化的优良树种;可作庭荫树、行道树,

并可选作厂矿绿化及防风护堤树种。

榉树

榉树

【学名】*Zelkova serrata* (Thunb.) Makino

【别名】大叶榉

【科属】榆科 · 榉属

【识别特征】落叶大乔木,高 20 ~ 25 m。树冠倒卵状伞形,树干端直,树皮深灰色,不裂。单叶互生,叶卵形或长椭圆形,边缘有整齐的桃形锯齿,表面粗糙,背面密生淡灰色柔毛。花单性同株,花期 3—4 月;坚果小,卵圆形,有角棱,歪斜且具皱纹,果期 10—11 月。

【产地与习性】分布于我国黄河流域以南地区,为华北平原五大落叶阔叶用材树种之一;日本、朝鲜半岛也有。为温带中性树种,喜光,稍耐阴;喜温暖气候和肥厚湿润土壤,但对石灰质土及轻度盐碱土也能适应;深根性,侧根广展,抗风力强;生长缓慢,寿命较长。

【繁殖栽培】采用播种繁殖,种子采后即播或阴干贮藏至翌年早春播种。

【园林应用】榉树高大挺拔,冠似华盖,夏季叶茂荫浓,冬季叶落光透,为华北及以南地区园林常见之观赏树木。宜孤植于草坪边缘、列植于园路两旁、丛植于亭台或池畔,若间植以其他观叶树种,则色彩丰富,引人入胜。且由于其耐烟尘、抗毒气,又是工矿厂区和城乡四旁绿化的理想树种。

树形

叶片

桑

果实

【学名】*Morus alba* Linn.

【别名】桑树

【科属】桑科 · 桑属

【识别特征】落叶小乔木,树皮黄褐色;叶大,广卵形,叶端尖,边缘有粗锯齿,有时有不规则的分裂;叶背脉上有疏毛。雌雄异株,3—4 月开花,果熟期 5—6 月,聚花果卵圆形或圆柱形,褐红色或黑紫色,味甜可口。

【产地与习性】原产于我国中部,现南北各地广泛栽培,在我国约有 4 000 年的栽培历史。中性,喜光,幼时稍耐阴;喜温暖湿润气候,亦耐寒;对土壤的适应性较强,耐干旱，但畏积水；根系发达，抗风力强；萌芽力强，耐修剪；有较强的抗毒抗烟尘能力。

【繁殖栽培】 可用播种、扦插、压条、分根、嫁接等法繁殖。

【园林应用】 桑树树冠宽阔，树叶茂密，秋季叶色变黄，颇为美观；且能抗烟尘及有毒气体，适于城市、工矿区及农村四旁绿化；其用途广，嫩桑叶可以养蚕，桑果可作中药，为良好的绿化与经济树种。

花序

花序

构树

【学名】 *Broussonetia papyrifera* Linn.

【科属】 桑科 · 构属

【识别特征】 落叶乔木，高 15 ~ 20 m，具乳汁。树皮浅灰色；小枝红褐色，密生白色绒毛。单叶互生，阔卵形或长卵形，缘有粗齿，叶面有糙毛，叶背密被柔毛。多雌雄异株，雄花序下垂，雌花序头状，花被管状，聚花果球形，熟时红色。花期 4—5 月，8—9 月果熟。

【产地与习性】 分布很广，我国华北、西北、华南、西南各地均有。阳性树种，喜光，稍耐阴；适应性极强，能耐干冷和湿热气候；耐干旱瘠薄与钙质土；生长迅速，萌芽力强；主根较浅，但侧根分布很广；对烟尘及有毒气体抗性强，病虫害少。

【繁殖栽培】 可用播种、扦插、埋根、压条等法繁殖。

【园林应用】 构树外貌虽较粗野，但枝叶茂密且具有抗性强、生长快、繁殖容易等优点，仍是城乡绿化的良好树种，尤其适宜于工矿区与荒山坡地绿化，以及营造防护林等。

果枝

枝叶

花序

黄葛树

树形

【学名】*Ficus virens* Aiton

【别名】大叶榕

【科属】桑科·榕属

【识别特征】落叶大乔木,有板根或支柱根,叶薄革质或纸质,卵状披针形至长圆形,先端短渐尖,基部钝或近圆形,全缘。花序无梗,近球形,直径5 ~8 mm。

【产地与习性】分布于我国华南及西南地区,西南地区常见栽培。喜温暖湿润的热带、亚热带气候环境。

【繁殖栽培】可用播种、扦插等法繁殖。

【园林应用】黄葛树生长速度快、繁殖容易、抗旱和抗瘠薄能力强。为重庆市的市树,具有独特的板根现象,是城乡绿化的良好树种。

果实

叶片

枫杨

【学名】*Pterocarya stenoptera* C. DC.

【别名】麻柳

【科属】胡桃科 · 枫杨属

果实

【识别特征】落叶大乔木,高达 25 ~ 30 m。树冠扁球形,树皮灰暗褐色、浅裂,枝髓片状;冬芽裸,密被褐色毛,有叠生无柄潜芽。偶数羽状复叶,叶轴具窄翅,叶长椭圆形,缘有细锯齿。花单性同株,雌花序单生于新枝顶端,雄花序单生于上年生枝侧,花期 4—5 月。果实串串元宝状,9—10 月果熟,坚果两侧具翅。

【产地与习性】分布于我国华北、华东、华南和西南各地。阳性,喜光,稍耐阴;喜温暖湿润环境,较耐寒;对土壤要求不严,耐水湿;深根性,根系发达,生长快,萌芽力强;较耐烟尘和有毒气体。

【繁殖栽培】采用播种、扦插繁殖。

【园林应用】枫杨枝叶茂密,生长迅速,适应性强,在江淮流域和长江流域多栽为庭荫树、行道树、护岸固堤树及营造防风林,也适合用于工矿厂区绿化。

花序

枝叶

梧桐

果实

【学名】*Firmiana simplex*（L.）F. w. Wight

【别名】中国梧桐、青桐

【科属】梧桐科 · 梧桐属

【识别特征】落叶大乔木,高 20 ~ 25 m。树冠卵圆形,树干端直,枝条粗壮;树皮青绿色,光滑不裂。单叶互生,叶大,掌状 3 ~ 5 裂,基部心形,裂片全缘,先端渐尖,表面光滑,背面有星状毛。花单性同株,花期 6—7 月,圆锥花序顶生,花淡黄绿色,无花瓣;雌蕊 5 个心皮,花后分离成蓇葖果,在成熟前开裂成舟形,果瓣叶状;9—10 月果熟,种子大如豌豆,表面皱缩,黄褐色,着生于果瓣边缘。

【产地与习性】产于湖北西部及四川南部,我国各地有栽培观赏。阳性树种,喜光,喜温暖湿润气候,耐寒性差;肉质根,不适于低洼地及盐碱土;萌芽力弱,不耐修剪;对多种有毒气体有抗性。

【繁殖栽培】常用播种或扦插繁殖。

【园林应用】梧桐树干端直,枝青平滑,叶大形美,绿荫浓密,可孤植于庭院、丛植于草坪边缘及坡地、列植于湖畔或园路两边及街坊,是城镇四旁绿化的常用树种,也是工矿厂区绿化的良好树种。

叶片

花序

树皮

毛白杨

树形

【学名】*Populus tomentosa* Carr.

【别名】大叶杨

【科属】杨柳科 · 杨属

【识别特征】落叶大乔木,高达 30 ~ 40 m。树冠宽圆锥形,树皮幼时青白色,皮孔菱形,老年期树皮纵裂,呈暗灰色;嫩枝灰绿色,密被灰白色绒毛。长枝之叶三角状卵形,先端渐尖,基部心形或截形,缘具缺刻或锯齿,表面光滑或稍有毛,背面密被白绒毛,叶柄扁平,先端常具腺体;短枝之叶三角状卵圆形,缘具波状,幼时有毛,后全脱落,叶柄常无腺体。雌雄异株,花期 3—4 月,叶前开放;蒴果小三角形,种熟期 6—7 月。

花序

叶片

同属常用栽培种：

加拿大杨 *P. Canadensis* Moench. 为美洲黑杨与欧洲黑杨的杂交种。小枝在叶柄下具3条棱脊，叶柄扁长，叶近正三角形卵形。

【产地与习性】我国特产，北起辽南，南达江浙，西至陇东，均有广泛栽植。阳性树种，喜光，生长快速，树干挺直；喜温暖湿润环境，亦耐寒；喜肥沃、深厚的砂质土，对杨树褐斑病和硫化物具有较强的抗性。

【繁殖栽培】常用播种、扦插、压条等法繁殖。

【园林应用】毛白杨树干耸立，枝条开展，叶密荫浓，生长快速，宜作背景树、绿荫树和行道树，也是工厂绿化、防护林、纸浆林和用材林的优良树种。

垂柳

【学名】*Salix babylonica* Linn.

【别名】水柳、倒杨柳

【科属】杨柳科 · 柳属

【识别特征】落叶乔木，高10～15 m。树冠广卵形；树皮粗糙，灰褐色，深裂。小枝细长下垂，单叶互生，叶长披针形，缘有细锯齿。花期3—4月，雌雄异株；6—7月果熟，种子细小，外披白色柳絮。

【产地与习性】原产于我国，为知名的庭园树种，喜水湿，现各国广泛栽培。阳性树种，喜光，喜温暖湿润气候，亦较耐寒；根系发达，适应性强，耐水湿，亦能生长于土层深厚之干燥地带；萌生力强，生长迅速。

【繁殖栽培】以扦插为主，亦可用种子繁殖。

【园林应用】垂柳枝条细长下垂，随风飘舞，姿态优美，常植于河、湖、池边点缀园景，柳条拂水，倒影叠叠，别具风趣；也可作行道树和护堤树，与花桃相配尤为合宜，初春时节形成"桃红柳绿"之美景。

树形

花序

叶片

梅

梅

【学名】*Armeniaca mume* Sieb.

【别名】梅花、干枝梅

【科属】蔷薇科 · 杏属

【识别特征】落叶小乔木,高 6 ~8 m。树皮灰褐色,纵裂;常有枝刺,一年生枝条绿色。叶卵形或椭圆形,先端尾尖,缘具细锐锯齿,基部阔楔形或近圆形;花期 3—4 月,核果,熟时黄或绿白色,果核具蜂窝状孔穴。

【产地与习性】原产于我国西南地区,现华北以南各地广泛栽植。有 3 000 多年栽培历史,长江流域以南各地分布最多。阳性树种,喜光不耐阴;宜阳光充足、通风良好的环境,过荫时树势衰弱,开花稀少甚至不开花;喜温暖气候,亦耐寒,喜较高的空气湿度,也有较强的抗旱性;对土壤的要求不严,但土质黏重、排水不良时易烂根死亡。

【繁殖栽培】常用嫁接法,其次为扦插、压条法,少用播种繁殖。

【园林应用】梅花历来被视为不畏强暴、强于抗争和坚贞高洁的象征,古人常把松、竹、梅配成“岁寒三友”。园林中常用孤植、丛植或群植等方式配置在屋前、石间、路旁和塘畔,美化效果甚好。梅之古桩可制作盆景,疏枝横斜,苍劲古雅,观赏价值很高。

丛植

花

树形

花

花

花

杏

【学名】 *Armeniaca vulgaris* Lam.

【别名】 杏树、杏子、杏花

【科属】 蔷薇科・杏属

【识别特征】 乔木,高 5 ~8 m。树皮灰褐色,纵裂,皮孔大而横生,一年生枝浅红褐色,有光泽,无毛,具多数小皮孔。叶片宽卵形或圆卵形,先端急尖至短渐尖,基部圆形至近心形,叶边有圆钝锯齿,两面无毛或下面脉腋间具柔毛;花单生,先于叶开放。果实球形,白色、黄色至黄红色,微被短柔毛;果肉多汁,成熟时不开裂;种仁味苦或甜。花期 3—4 月,果期 6—7 月。

【产地与习性】 产于我国各地,尤以华北、西北和华东地区种植较多,少数地区逸为野生。阳性树种,适应性强,深根性,喜光,耐旱,抗寒,抗风,寿命可达百年以上,为低山丘陵地带的主要栽培果树。

【繁殖栽培】 常用播种、嫁接法繁殖。

【园林应用】 杏在早春开花,先花后叶;可与苍松、翠柏配植于池旁湖畔或植于山石崖边、庭院堂前,观赏性佳。

树形

花

枝叶

果实

紫叶李

【学名】*Prunus cerasifera* ‘Pissardii’

【别名】红叶李

【科属】蔷薇科·李属

【识别特征】落叶小乔木,高6~8 m。树冠多直立性长枝,幼枝、叶片、叶柄、花柄、萼、雌蕊及果实均呈暗红色。叶长椭圆状卵形至倒卵形,端渐尖,基部圆形,边缘具重锯齿,紫红色。花期4—5月,淡粉色;核果暗红色。

【产地与习性】原产于亚洲西南部,叶常年紫红色,引人注目,我国中部和东部地区普遍栽植。阳性树种,喜光,在荫蔽时叶色不鲜艳;喜温暖湿润环境,但耐寒性较强;浅根性,喜肥沃湿润而排水良好的黏质壤土,稍耐干燥瘠薄;生长势强,萌芽力亦强,耐修剪。

【繁殖栽培】采用扦插、分蘖或播种繁殖,亦可用李、梅或山桃为砧木进行嫁接繁殖。

【园林应用】紫叶李枝叶红紫,常年不褪,观叶期长,且繁殖容易,适应性强,宜于建筑物前、园路旁或草坪角隅处栽植,孤植、列植、丛植、群植皆甚相宜。唯需慎选背景之色泽,可充分衬托出它的色彩美,绿化、美化效果好。

果实

花

枝叶

树形

桃

桃

【学名】*Amygdalus persica* Linn.
【别名】桃树、桃子
【科属】蔷薇科 · 桃属
【识别特征】落叶小乔木,高 5 ~7 m。树冠开张,小枝无毛,绿色,向阳处变为红色。芽有灰色绒毛,常 3 芽并生,两侧为花芽。叶椭圆状披针形,先端渐尖,浅绿色,叶柄长,顶端具腺体。花期 3—4 月,先叶开放,单瓣,粉红色,花后能结果。核果卵球形或卵状椭圆形,果期有早晚,早熟品种为 5—6 月,晚熟品种为 7—8 月;外果皮奶白色或微红,果肉厚,多汁水,味甜美可口。

同属常见栽培变种:

紫叶桃 cv. *atropurpurea* Schneid 叶形与桃相似,春秋新叶紫红色,夏季叶色变浅。3 月开花,花色紫红,单瓣,一般不结果。

【产地与习性】原产于我国,西北、华北、华中及西南山区均有野生桃树,现世界各地均有栽培。阳性树种,喜光不耐阴;适应性强,能耐高温,亦耐低温;喜肥沃而排水良好的土壤,不适于碱性土和黏性土;浅根性,较耐干旱,但不耐水湿;萌芽力和成枝力较弱,尤其是在干旱瘠薄土壤上更为明显;病虫害较为严重,寿命短。

【繁殖栽培】常用嫁接繁殖,砧木采用毛桃的实生苗。嫁接苗结果早。

花

花

【园林应用】桃花是我国传统的园林花木，阳春三月，粉红色桃花先叶开放，红霞耀眼，芳菲满园；紫叶桃在园林中属观叶、观花俱佳的树种。二者皆宜在庭院、草坪、墙角、亭边孤植或丛植，绿化、美化效果甚好。

果实

紫叶桃

紫叶桃

紫叶桃叶片

碧桃

花

【学名】*Amygdalus persica* ‘Duplex’ Rehd.

【别名】重瓣桃花

【科属】蔷薇科 · 桃属

【识别特征】落叶小乔木，高 4 ~ 6 m。小枝红褐色，光滑无毛；叶片椭圆状披针形，先端渐尖，基部阔楔形，叶缘有锯齿，叶基有腺点单生，表面密被短绒毛。花期 3 月下旬—4 月，花红色、粉红色、奶白色等，重瓣，一般不结果。

【产地与习性】原产于我国华北、西北及中部地区，现全国各地均有栽培。阳性树种，喜光，耐寒；喜排水良好的肥沃砂质壤土，稍耐干旱，不耐渍水。

【繁殖栽培】以嫁接繁殖为主，砧木采用毛桃的实生苗。

【园林应用】碧桃为园林景观中不可缺少的春季花木，早春时节，重瓣桃花先叶开放，烂漫芳菲，妖艳媚人。常栽植于庭院、湖滨、溪边、堤岸及公园草地，最宜与垂柳配植在一起，桃红柳绿，相映成趣。碧桃还可盆栽，制作桩景或用作切花等，深受大众青睐。

花

花

樱桃

果实

【学名】*Cerasus pseudocerasus*(Lindl.)G. Don

【别名】荆桃、莺桃

【科属】蔷薇科·樱属

【识别特征】落叶小乔木，高 6～8 m。叶卵形至椭圆形，边缘有大小不等的重锯齿，叶柄靠近叶基部有 2 个腺点；叶面有毛或微有毛。花期 3 月，先叶开放，花奶白色，3～6 朵簇生成伞形花序。浆果近球形，5 月成熟，鲜红色，味酸，甜美可口，为每年春末夏初上市最早的水果之一；在果熟之际，鸟类喜食之。

【产地与习性】我国华北、华东及西南等地均有分布，尤以华北地区栽培较为普遍。阳性树种，喜日照充足、温暖而略湿润气候及肥沃而排水良好的砂壤土；有一定的耐寒与耐旱力，萌蘖力强，生长迅速。

【繁殖栽培】可用嫁接、扦插、分株及压条等法繁殖。

【园林应用】樱桃花先叶开放，春末果熟，红若珊瑚，极为美观，是园林中观赏与食果兼用的优良树种。宜孤植于庭院，丛植于公园路边、草坪边缘、亭旁、河畔，绿化、美化效果好。

树形

花

山樱花

【学名】 *Cerasus serrulata*（Lindl.）G. Don

【别名】 山樱桃、樱花

【科属】 蔷薇科・樱属

【识别特征】 小乔木，高可达 8 m，树皮灰褐色。小枝灰白色，无毛。冬芽卵圆形，无毛。叶片卵状椭圆形或倒卵椭圆形，先端渐尖，基部圆形，边有渐尖单锯齿及重锯齿，齿尖有小腺体。伞房花序有花 2 ~ 3 朵，花无香气，花梗无毛，花瓣白色稀粉红色，果熟后紫黑色，花期 4—5 月，果期 6—7 月。

【产地与习性】 产于我国东北、华北至长江流域；日本、朝鲜半岛也有分布。常见栽培。喜光、喜肥沃、深厚而排水良好的微酸性土壤，中性土也能适应，不耐盐碱。耐寒，喜空气湿度大的环境。根系较浅，忌积水与低湿。对烟尘和有害气体的抵抗力较差。土壤以土质疏松、土层深厚的砂壤土为佳。

【繁殖栽培】 可用播种、扦插、压条、嫁接等法繁殖。

【园林应用】 山樱花植株优美漂亮，叶片油亮，花朵鲜艳亮丽，是园林绿化中优秀的观花树种。广泛用于绿化道路、小区、公园、庭院、河堤等，绿化效果明显，体现速度快。山樱花的移栽成活率极高，是园林绿化的新亮点。

花

花

日本晚樱

日本晚樱

【学名】*Cerasus serrulata* var. *lannesiana*（Carr.）Makino

【别名】重瓣樱花

【科属】蔷薇科・樱属

【识别特征】落叶小乔木，高7～9 m。树皮暗灰色，平滑；叶长卵状椭圆形，先端长渐尖，缘有长芒状重锯齿；叶柄靠近叶基部有2个腺点。花期3月下旬—4月中旬，先叶开放或花叶同放，伞房状花序，有叶状苞片，重瓣，淡红色或奶白色，稍有香气；一般不结果。

【产地与习性】原产于日本、朝鲜半岛；现我国长江流域地区广泛栽植。阳性树种，喜光，耐寒；适应性强，但根系较浅，不耐水湿，在排水良好而深厚的微酸性土壤上生长良好。

【繁殖栽培】常用嫁接法繁殖，砧木可用山樱、毛桃、李、杏等实生苗。

【园林应用】日本晚樱叶繁花茂，色彩鲜艳，十分壮丽，为重要的园林观花树种，宜孤植或丛植于庭园或建筑物前，也可列植作园路的行道树。

树形

花

叶片

花

垂丝海棠

【学名】*Malus halliana* Koehne

【别名】小果海棠

【科属】蔷薇科·苹果属

【识别特征】落叶小乔木,高 4 ~6 m。树冠疏散,枝条开展,小枝紫褐色。单叶互生,长卵状椭圆形,先端渐尖,叶面深绿色,边缘具细钝细锯齿。花期 3—4 月,鲜玫瑰红色,伞房花序,花梗紫色,细长而下垂。果期 9—10 月,果近球形,果形小,棕褐色,味酸苦涩口,经冬不落,为鸟类冬季之食粮。

同属栽培品种:

西府海棠 *Malus micromalus* Makino 落叶小乔木,为山荆子与海棠花之杂交种。枝干直立,树态峭立;小枝紫褐色或暗褐色。叶长椭圆形,质薄,先端渐尖,基部楔形。花期 3 月,伞形花序,花梗略短而不下垂,花白色;果红色,果熟期 8—9 月。

【产地与习性】产于江苏、浙江、安徽、四川、云南等地,现长江流域以南各地广泛栽培。阳性树种,喜光;喜温暖、湿润环境,亦稍耐寒;对土壤的适应性强,较耐旱,忌过湿,否则易烂根死亡。

【繁殖栽培】常用播种、扦插或嫁接法繁殖。

树形

花

枝叶

果实

【园林应用】垂丝海棠枝密花繁，早春先叶开放，花梗细长，花朵下垂，花色鲜艳悦目，为著名的春季赏花树木。宜丛植于院前、亭边、墙旁、河畔、草坪等处；在江南庭园中尤为常见，在北方以盆栽观赏为主。

石榴

【学名】*Punica granatum* Linn.

【别名】安石榴

【科属】石榴科·石榴属

【识别特征】落叶小乔木或灌木，高 5 ~ 7 m。树冠为自然圆头形；树皮粗糙，灰褐色，上有瘤状突起。单叶簇生，长椭圆形或长倒卵形，先端钝，全缘。花期 5—6 月，花两性，通常为鲜红色，也有黄色，花萼钟形，朱红色，也有白色或黄色，肉质。宿存浆果近球形，9—10 月成熟，古铜黄色或古铜红色，具宿存之花萼，种子多数，种皮肉质，味甜美可口。

花

同属常用栽培变种：

花石榴 *P. granatum* var. *pleniflora Hayne*，叶在长枝上对生，在短枝上簇生，叶子形状、大小与石榴相似；花开时节、花色也与石榴相同，只是花后不结果，或果实小、不可食。

【产地与习性】原产于伊朗和阿富汗；大约在公元前 2 世纪传入我国，现全国大部分地区都有栽培。阳性树种，喜光不耐阴，在荫蔽处生长开花不良；喜温暖气候，对土壤的要求不高，耐干旱瘠薄，稍耐盐碱，忌水涝；在花期和果实膨大期喜空气干燥和日照良好；对二氧化硫和氯气的抗性较强。

【繁殖栽培】采用播种、扦插、分株、压条等法繁殖。

【园林应用】石榴春天新叶嫩红色，初夏红花似火，鲜艳夺目，入秋丰硕的果实挂满枝头，是观叶、观花、观果三者兼优的绿化树种。宜在庭前、亭旁、墙隅、路边等处种植；因其耐盐碱，且对有毒气体抗性强，也是沿海地区及有污染厂矿区绿化、美化的优良树种。

花枝

果实

枣树

【学名】 *Zizyphus jujuba* Mill.

【别名】 枣、蜜果、白蒲枣

【科属】 鼠李科 · 枣属

【识别特征】 落叶乔木,高 8 ~ 12 m。树冠卵形,枝红褐色,丛生,略呈“之”字形曲折,具托叶刺 2 枚,一长一短,结果枝下垂。单叶互生,长椭圆状卵形,基部偏斜具短柄,基生三出脉,叶缘有细锯齿。花期 4—5 月,花两性,短聚伞花序腋生,花小,黄白色。果期 8—9 月,核果卵圆至长圆形,成熟时褐红色。

【产地与习性】 原产于我国,除东北地区、西藏之外,其他各地均有栽培,以黄河及淮河流域各省区最为普遍。阳性树种,喜光,耐热;喜干燥气候,耐寒性强,抗风沙;适生于中性或微碱性砂壤土,稍耐盐碱,不耐水涝;根系发达,根萌蘖力强。

果实

枝叶

花

【繁殖栽培】 主要采用根蘖分株,也可用根蘖苗或实生苗嫁接。

【园林应用】枣树树干劲拔，枝密叶翠，春末素花斐斐，秋初红果累累，为果用与观赏兼备的庭荫树，自古以来备受青睐。因其对多种有毒气体有一定的抗性，也适用于工矿厂区的绿化；其老根古干还可作树桩盆景观赏。

果实

花枝

枳椇

【学名】*Hovenia acerba* Lindl.

【别名】拐枣、金钩子

【科属】鼠李科・枳椇属

【识别特征】落叶乔木，高 15 ~ 20 m。树冠广卵形，树皮灰褐色，浅纵裂，枝条开展，小枝紫褐色。叶互生，卵形或卵状椭圆形，边缘有浅钝细锯齿，基部三出主脉。花期 6 月，二歧状圆锥花序，生于叶腋或枝梢；果期 10 月，果实短圆柱形，果序柄肉质肥厚而弯曲，具甜味，种子深褐色，光亮。

花枝

果实

【产地与习性】分布于我国华北、华东（除台湾）、华南及西南地区；日本、朝鲜半岛、印度、尼泊尔和缅甸也有分布。阳性树种，喜光，耐寒；喜肥沃湿润而排水良好的土壤，亦耐干旱；浅根性，萌芽力强。

【繁殖栽培】以播种为主,也可扦插和分蘖繁殖。

【园林应用】枳椇树体高大,枝冠开张,叶大荫浓,姿态端庄,其花序柄肉质粗壮,形态奇特,味甜可食,不仅为优良的庭荫树、行道树,也是城镇四旁绿化之理想树种。

合欢

合欢

树形

【学名】*Albizzia julibrissin* Durazz.

【别名】绒花树、夜合树

【科属】豆科·合欢属

【识别特征】落叶乔木,高 10 ~ 15 m。树冠广伞形;树皮灰棕色,平滑。二回偶数羽状复叶互生,羽片对生 4 ~ 12 对,小叶镰刀状,中脉明显偏于一边,全缘,无柄,日开夜合。花期5—9月,花序顶生,由多数头状花序集成伞房状,每花序花多数,初开白色后转淡红色,细长如绒;10—11 月扁长条形荚果成熟,种子小,扁椭圆形。

【产地与习性】原产于我国自黄河流域至珠江流域广大地区;日本、印度及非洲东部也有分布。阳性,喜光,能适应多样气候环境,稍耐寒;对土壤要求不严,耐干旱瘠薄,但不耐水湿;浅根性,具根瘤菌,有改良土壤之效;萌芽力不强,不耐修剪;对有毒气体抗性强。

【繁殖栽培】主要采用播种繁殖。

【园林应用】合欢树冠开阔,绿荫如伞,叶纤细如羽,独特清奇,春末至秋初粉红花如绒簇,秀丽别致,观花时间长。为优美的庭荫树和行道树,植于房前屋后与草坪林缘均相宜,也可用于街坊绿地、工矿厂区的绿化。

叶片

花

果实

花

银合欢

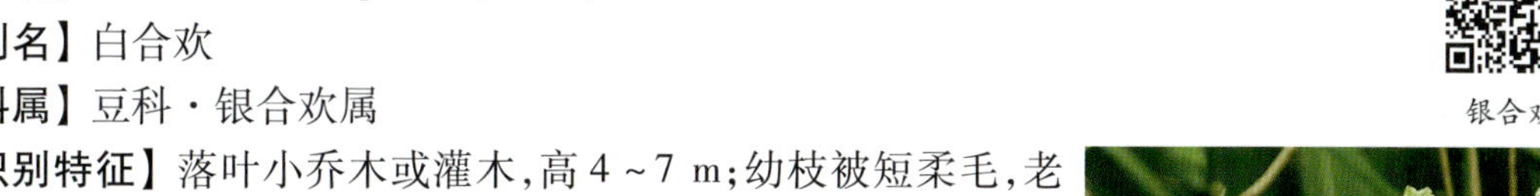

【学名】*Leucaena leucocephala* (Lam.) de Wit

【别名】白合欢

【科属】豆科 · 银合欢属

银合欢

【识别特征】落叶小乔木或灌木,高 4 ~ 7 m;幼枝被短柔毛,老枝无毛,具褐色皮孔,无刺;二回羽状复叶,羽片 4 ~ 8 对,叶轴被柔毛,在最下一对羽片着生处有黑色腺体 1 枚;小叶 5 ~ 15 对,线状长圆形,长 7 ~ 13 mm,宽 1.5 ~ 3 mm,中脉偏向小叶上缘,两侧不等宽。头状花序通常 1 ~ 2 个腋生,直径 2 ~ 3 cm;花白色;荚果带状,长 10 ~ 18 cm,宽 1.4 ~ 3 cm,顶端凸尖,基部有柄。花期 4—7 月;果期 8—10 月。

花

【产地与习性】原产于中美洲墨西哥,适宜种植区域在世界热带、亚热带地区;我国台湾、福建、广东、广西和云南有分布。银合欢喜温暖湿润气候,最适生长温度为 20 ~ 30 ℃;气温高于 35 ℃,仍能维持生长;零下 3 ℃及中等霜雪,仍能越冬。银合欢具有很强的抗旱能力,但不耐水淹,低洼处生长不良。土壤以中性至微碱性土壤最好,在酸性红壤土上仍能生长,适应 pH 值在 5.0 ~ 8.0。

【繁殖栽培】主要采用播种繁殖。

【园林应用】银合欢开花期在 6 月初,白色,如雪如絮、繁花似锦、洁白芳香,是良好的绿化树种。

皂荚

【学名】*Gleditsia sinensis* Lam.

【别名】皂角、猪牙皂

【科属】豆科 · 皂荚属

【识别特征】落叶乔木,高可达 30 m,刺圆柱形,常分支。一回羽状复叶,小叶 3 ~ 9 对,卵形至长卵形,先端尖,基部楔形,边缘有细齿。总状花序腋生及顶生,花萼 4 裂;花瓣 4,淡黄色;荚果扁长条状,肥厚,像扁豆,长 12 ~ 35 cm,宽 2 ~ 4 cm,紫棕色,有时被白色蜡粉。花期 5 月,果期 10 月。

【产地与习性】产于我国黄河流域以南，西至四川，南至两广。喜光，稍耐阴，海拔自平地至2 500 m。在微酸性、石灰质、轻盐碱土甚至黏土或砂土均能正常生长。属于深根性植物，具较强耐旱性，寿命可达六七百年。

【繁殖栽培】主要采用播种繁殖。

【园林应用】皂荚树为生态经济型树种，耐旱节水，根系发达，可用作防护林、水土保持林、城乡景观林、道路绿化等，是退耕还林的首选树种。

果实

枝刺

槐

果实

【学名】*Sophora japonica* Linn.

【别名】国槐

【科属】豆科 · 槐属

【识别特征】落叶大乔木，高 20 ~ 25 m。树冠圆球形；树皮暗灰色，纵裂；小枝绿色，有明显黄褐色皮孔；羽状复叶，互生；小叶对生，卵状披针形，先端尖，基部圆形至广楔形，背面有白粉及柔毛。6—9 月开花，顶生圆锥花序，花蝶形，浅绿白色。果期 10 月，荚果，中间缢缩成念珠状，肉质，悬挂树梢，经冬不落。

【产地与习性】原产于我国北部，尤以黄土高原、华北平原最为常见，现南北各地均有栽培；日本、朝鲜、越南也有分布。温带树种，阳性，喜光；喜干冷气候，但在高温高湿的华南也能生长；对土壤适应性强，耐轻盐碱；对烟尘、二氧化硫、氯化氢有较强的抗性；根系发达，生长中速，寿命很长。

【繁殖栽培】常用播种繁殖。

【园林应用】槐树俗称国槐，为我国传统之观赏树木，栽培历史久远。其树冠广阔，绿荫如盖，姿态优美，因而是良好的庭荫树和行道树；由于其耐烟抗毒能力强，又是厂矿区的良好绿化树种。

花枝

果实

刺槐

刺槐

【学名】*Robinia paseudoacacia* Linn.

【别名】洋槐

【科属】豆科 · 刺槐属

【识别特征】落叶大乔木,高 10～25 m。树冠椭圆状倒卵形,树皮灰褐色,纵裂,小枝具托叶刺。羽状复叶,互生,小叶 7～19 枚,椭圆形或卵形,先端钝或微凹,全缘,具有托叶刺。花期 4—6 月,花蝶形,白色,有芳香,成腋生下垂总状花序。荚果带状扁平,果熟期 8—10 月,熟时开裂,种子肾形,黑色。

花

果实

【产地与习性】原产于北美洲,现欧亚各国广泛栽培;19 世纪末我国青岛首先引种,现已遍布全国各地,尤以黄河流域最为多见。温带强阳性树种,极喜光,忌荫蔽;喜干燥而凉爽气候,耐寒力强;喜排水良好而深厚疏松的土壤,但又耐干旱瘠薄,耐轻度盐碱;浅根性,萌芽力和根蘖性都很强,生长快速,寿命较短。

【繁殖栽培】采用播种繁殖。

【园林应用】刺槐树体高大,枝叶茂密,花白而芳香,生长势强,既可作庭荫树、行道树,又是四旁绿化、厂矿区绿化及荒山造林的先锋树种,且可用于防风固沙林和轻度盐碱地的绿化。

刺桐

【学名】*Erythrina variegata* Linn.

【别名】鸡桐木

【科属】豆科·刺桐属

【识别特征】落叶乔木,高可达 20 m。树皮灰褐色,枝有明显叶痕及短圆锥形的黑色皮刺,髓部疏松,颓废部分成空腔。羽状复叶具 3 小叶,常密集枝端。总状花序顶生,长 10 ~ 16 cm,上有密集、成对着生的花;花萼佛焰苞状,口部斜,一侧开口,花冠红色,龙骨瓣与翼瓣等长。荚果黑色,肥厚,种子间略缢缩,种子 1 ~ 8 颗,肾形,暗红色。花期 3 月,果期 8 月。

【产地与习性】原产于印度至大洋洲海岸林中,世界各国多有栽植。适宜温暖气候。喜强光,要求高温、湿润的环境,耐旱也耐湿,不甚耐寒。对土壤要求不严,宜肥沃排水良好的砂壤土,忌潮湿的黏质土壤。

【繁殖栽培】采用播种繁殖。

【园林应用】花美丽,可栽作观赏树木。

花

叶片

紫薇

【学名】*Lagerstroemia indica* Linn.

【别名】百日红、痒痒树

【科属】千屈菜科·紫薇属

【识别特征】落叶小乔木,高 6 ~ 8 m。树皮淡褐色,呈长薄片状剥落,剥落后树干平滑细腻。小枝略四棱,棱上有窄翅,上部叶互生,椭圆形至长椭圆形,端尖或钝,基部圆形或楔形,全缘。花期 6—9 月,花开于当年新枝顶端,花紫红色、红色、粉红色、奶白色等;蒴果椭圆状球形,种子 10—11 月成熟。

【产地与习性】原产于亚洲南部及大洋洲北部;我国华东、华中、华南及西南均有分布,各地普遍栽培。阳性树种,喜光,稍耐阴;喜温暖、湿润环境,有一定的抗寒力;喜弱碱性、深厚肥沃的土壤,有抗旱力,不耐涝;萌蘖力强,耐修剪;因老枝不开花或开花梢,故在每年冬季剪除老枝,待次年萌发新枝才能多开花结实。

【繁殖栽培】可用播种、扦插及分蘖等法繁殖。

【园林应用】紫薇在夏开花且花期长达百余日,故又称“百日红”,是形、干、花皆美而具很高观赏价值的树种。可栽植于建筑物前、庭院内、道路旁、草坪边缘等处；且因其对多种有毒气体有较强的抗性，吸附烟尘的能力亦较强，故也是工矿厂区绿化的好树种。

叶片

树形

花

果实

花

四照花

树形

【学名】*Dendrobenthamia japonica* var. *Chinensis* Fang

【别名】山荔枝、石枣

【科属】山茱萸科 · 四照花属

【识别特征】落叶小乔木，高 6 ~ 9 m。小枝细，被白色细伏毛，绿色后变褐色。单叶对生，卵形或卵状椭圆形，叶厚纸质或纸质，顶端渐尖，基部圆或宽楔形，上面疏被白色细伏毛，下面被白色短伏毛，脉腋出簇生毛，侧脉 4 ~ 5 对，弧形弯曲。花期 5—6 月，头状花序近球形，花序基部有 4 枚白色花瓣状总苞片，椭圆状卵形；花小，白色。果球形，肉质，紫红色，9—10 月成熟。

【产地与习性】分布于河南、陕西、甘肃东南部及长江流域各地。中性树种，喜光，稍耐阴；喜温暖阴湿环境，亦耐寒；对土壤要求不严，但以土层深厚肥沃、排水良好的土壤为宜；萌芽力较差，不耐修剪。

【繁殖栽培】常用播种、嫁接或扦插繁殖。

【园林应用】四照花初夏白色苞片满树，秋季叶变红色或红褐色，为美丽的观赏树种，适用于庭院、公园栽种，可孤植于堂前，列植于路边、池畔，也可丛植于草坪；以常绿树为背景，其景观效果尤佳，也是四旁绿化的好树种。

果实

花

灯台树

【学名】*Cornus controversa* Hemsl.

【别名】灯台山茱萸、灯台子

【科属】山茱萸科 · 山茱萸属

果实

花

果实

花

【识别特征】落叶乔木,高6~15 m,稀达20 m;分枝平展,树皮光滑,暗灰色;当年生枝紫红绿色,二年生枝淡绿色,有半月形的叶痕和圆形皮孔;叶互生,卵形或椭圆状卵形,背面密被白色短柔毛,侧脉6~7对,弧形上升。顶生伞房状聚伞花序,花小,白色,直径约8 mm,花瓣4,长圆披针形。核果球形,成熟时紫红色至蓝黑色;果核顶端有一个小孔穴。花期5—6月;果期7—8月。

【产地与习性】分布于我国长江以南各省区;朝鲜、日本、印度北部等地也有分布。灯台树喜温暖气候及半阴环境,适应性强,耐寒、耐热、生长快。宜在肥沃、湿润及疏松、排水良好的土壤上生长。

【繁殖栽培】常用播种法繁殖。

【园林应用】灯台树以树姿优美奇特,叶形秀丽、白花素雅,被称为园林绿化珍品,同时也是优良的秋色树种。灯台树树冠形状美观,夏季花序明显,可在园林中栽作庭荫树或公路、街道两旁栽作行道树,更适于森林公园和自然风景区作秋色叶树种片植营造风景林。灯台树是园林、公园、庭院、风景区等绿化、置景的佳选,也是优良的集观树、观花、观叶为一体的色叶树种。

重阳木

重阳木

【学名】*Bischofia polycarpa*(Levl.)Airy Shaw

【别名】胡杨树、端阳木、秋枫

【科属】大戟科 · 秋枫属

【识别特征】落叶乔木,高10~15 m。树冠伞形,干形端直,大枝斜展;树皮褐色,浅纵裂。叶柄长,端部三出叶,小叶基部圆或浅心形,叶缘有较密的细锯齿。总状花序,花期4—5月,花叶同放;果实浆果状,10—11月成熟。

树形

【产地与习性】产于我国长江中下游地区,江苏、浙江、福建、湖南、湖北、四川、贵州等地有分布。阳性,喜光,稍耐阴;喜温暖气候,略耐寒;对土壤要求不严,耐干旱瘠薄,又耐水湿;根系发达,抗风力强。虫害较为严重,要注意及时防治。

【繁殖栽培】常用播种繁殖。

果实

叶片

【园林应用】重阳木树姿优美,早春嫩叶鲜绿光亮,入秋叶色转红,艳丽悦目,为优良的庭荫树和行道树;由于其耐水湿,亦可作堤岸绿化树种。

乌柏

【学名】*Sapium sebiferum*(Linn.) Roxb.

【别名】乌果树、柏子树、蜡子树

【科属】大戟科·乌桕属

【识别特征】落叶乔木,高10~15 m。树冠圆球形;树皮暗灰色,浅纵裂;全体无毛,小枝纤细,常含乳液。单叶互生,纸质,菱状广卵形,先端尾尖,全缘,叶柄细长,顶端具两腺体,秋叶变红。5—6月开花,单性同株,花序穗状顶生,黄绿色。蒴果三棱状球形,10—11月成熟,外果皮脱落,种子黑色,外被白蜡,经冬不落。

花枝

叶片

秋叶

果实

【产地与习性】原产于我国,分布很广,主产于长江流域及珠江流域,以湖北、四川、浙江等地栽培最多;日本、印度亦有少量分布。阳性树种,喜光不耐阴;喜温暖环境,不甚耐寒;对酸性、钙质土、盐碱土均能适应,稍耐水淹;主根、侧根均发达,抗风力强;对有毒气体的抗性强;虫害较为严重,要注意及时防治。

【繁殖栽培】一般采用播种法,优良品种用嫁接或埋根法繁殖。

【园林应用】乌桕树冠整齐,叶形秀丽,入秋转红,绚丽美观;且花期能养蜜蜂,种子可榨油,是南方重要的观赏兼经济树木。在园林绿化中宜作庭荫树、行道树及护堤树,可孤植、丛植于草坪、湖畔、池边,若与亭廊、花墙、山石等相配,景色尤佳。

栾树

【学名】*Koelreuteria paniculata* Laxm.

【别名】灯笼树、摇钱树、木栾树

【科属】无患子科·栾树属

【识别特征】落叶大乔木,高 15 ~20 m。树冠近圆球形;树皮灰褐色,细纵裂,小枝皮孔明显。一回或不完全的二回奇数羽状复叶,小叶卵形或椭圆形,先端渐尖,叶缘具不规则粗锯齿。8—9 月中开花,圆锥花序顶生,花小,花瓣黄色,基部紫色,雄蕊 8;蒴果圆锥形或三角状卵形,橘红色或红褐色,10—11 月成熟,经冬不落。

果实

【产地与习性】北起我国东北南部,南到长江流域,西至甘肃东南部及四川中部,而以华北较为常见;日本、朝鲜亦有分布。阳性树种,喜光,稍耐阴,耐寒;不择土壤,耐干旱瘠薄,也能耐盐渍及短期涝害;深根性,萌蘖力强,生长较快,有较强的抗烟尘能力。

【繁殖栽培】以播种为主,也可分蘖、根插繁殖。

【园林应用】栾树树体挺拔,冠形整齐,枝叶茂密,入秋黄花满树,深秋红果累累;宜孤植为庭荫树、列植为行道树,或在公园内丛植、群植为风景树。

叶片

花序

树形

果实

复羽叶栾树

树形

复羽叶栾树

【学名】*Koelreuteria bipinnata* Franch.

【别名】西南栾树、响铃子

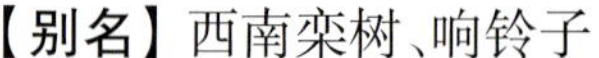

【科属】无患子科·栾树属

【识别特征】落叶乔木,高可达 20 m 以上。叶片平展,二回羽状复叶,小叶边缘有内弯的小锯齿,两面无毛或下面密被短柔毛,圆锥花序大型,蒴果淡紫红色,椭圆形或宽卵形,顶端钝或圆;种子近球形,7—9 月开花,8—10 月结果。

同属常见栽培品种:

黄山栾树,又名全缘叶栾树(*Koelreuteria bipinnata* Franch.),主要特征是二回羽状复叶,小叶全缘,有时一侧近顶端有锯齿。

【产地与习性】产于我国西南、华南及华中地区,入秋开花,常作行道树。阳性树种,喜光,稍耐阴。深根、主根发达,抗风力强,萌蘖能力强,不耐干旱瘠薄,生长速度中等。在深厚、肥沃、湿润的土壤中生长良好。对二氧化硫和烟尘有较强的抗性。

【繁殖栽培】以播种为主要繁殖方法。

【园林应用】树冠圆球形,树形端正,枝叶茂密而秀丽,春季嫩叶紫红色,夏季黄花满树,秋天叶色金黄色、果实紫红色似灯笼,十分美丽,是很好的园林绿化树种和观赏树种。宜作庭荫树、行道树及风景林,也可用作防护林及荒山绿化的树种。由于对二氧化硫及烟尘污染有较强的抗性,也适于厂矿绿化美化。

树形

黄山栾树叶片

花

无患子

无患子

【学名】*Sapindus mukorossi* Gaertn.

【别名】木患子、肥皂树

【科属】无患子科 · 无患子属

【识别特征】落叶大乔木,高 20 ~ 25 m。树冠广卵形或扁球形,枝开展;树皮灰白色,平滑不裂。偶数羽状复叶,小叶 5 ~ 8 对,叶卵状披针形,先端尖,基部不对称,全缘,纸质,两面同色,无毛。5—6 月开花,圆锥花序顶生,花黄白色;核果近球形,9—10 月成熟,外果皮橙黄色,种子球形,黑色,坚硬。

【产地与习性】产于我国华中、华东、华南至西南地区;日本、朝鲜、中南半岛及印度有分布。为低山丘陵及石灰岩山地常见树种。阳性树种,喜光,稍耐阴;喜温暖湿润环境,略耐寒;适应性强,对土壤的要求不严,在酸性土、钙质土上均能适应;深根性,抗风力强;萌芽力弱,不耐修剪。

【繁殖栽培】常用播种繁殖。

【园林应用】无患子树姿挺秀,枝叶宽展,秋叶金黄,绚丽悦目,为优良的庭荫树与行道树,孤植于庭院、列植于路旁、丛植于草坪边缘和建筑物周边皆甚合宜;且因其对二氧化硫抗性较强,故也可用于工厂矿区的绿化。

花序

树形

果实

秋叶

三角槭

三角槭

【学名】*Acer buergerianum* Miq.

【别名】三角枫、枫树

【科属】槭树科 · 槭属

【识别特征】落叶乔木,高 15 ~20 m。树冠卵形;树皮暗褐色,薄片状剥落;小枝细,幼时有短柔毛,后变无毛,稍被蜡粉。叶 3 裂或浅 3 裂,基部圆形或广楔形,基部三出脉明显,全缘或上部疏生锯齿,背面被白粉。聚伞花序顶生,花小,黄绿色,小坚果特别凸起,有翅,翅与小坚果共长 2.5 ~3 cm,两翅近直立或锐角。花期 4 月,果期 8—9 月。

【产地与习性】产于我国山东、河南、江苏、浙江、安徽、江西、湖北、湖南、贵州和广东等地;日本也有分布。庭院常见栽培。喜光,稍耐阴。喜温暖、湿润环境及中性至酸性土壤。耐寒,较耐水湿,萌芽力强,耐修剪。树系发达,根蘖性强。

【繁殖栽培】主要采用播种繁殖。

【园林应用】三角枫枝叶浓密,夏季浓荫覆地,入秋叶色变成暗红,属于色叶树种。宜孤植、丛植作庭荫树,也可作行道树及护岸树。在湖岸、溪边、谷地、草坪配植,或点缀于亭廊、山石间都很合适。其老桩又是制作盆景的良好材料。

叶片与果实

花序

鸡爪槭

鸡爪槭

【学名】*Acer plamatum* Thunb.

【别名】青枫、雅枫

【科属】槭树科 · 槭属

【识别特征】落叶小乔木,高 7 ~ 9 m。树冠扁圆形或伞形,枝条横展,小枝光滑。叶掌状 5 ~ 9 深裂,幼叶红色,长成之后为绿色。边缘有重锯齿,基部近楔形或近心形,裂片长椭圆状披针形,先端锐尖。5 月开花,聚伞花序顶生,花粉紫色。翅果平滑无毛,两翅展开成钝角,10 月果熟。

公园丛植

【产地与习性】原产于我国长江流域及山东、河南等地,多生于海拔 1 200 m 以下山地、丘陵之林缘或疏林中;日本和朝鲜亦有。中性树种,喜光,稍耐阴,光照过强生长不良;喜温暖、湿润环境,亦耐寒;适生于肥沃深厚、排水良好的微酸性或中性土壤,较耐旱,不耐水涝。

【繁殖栽培】一般用播种法繁殖,而园艺变种常用嫁接法繁殖。

【园林应用】鸡爪槭叶形美观,入秋后转为橙黄色或鲜红色,为优良的秋季观叶树种。植于草坪、土丘、溪边、池畔、路隅、墙边、亭廊及山石间点缀,均十分得体,若以常绿树或白粉墙作背景衬托,尤感美丽多姿;古桩制成盆景或小树盆栽,装点室内环境也甚合宜。

果实

秋叶

红枫

【学名】*Acer palmatum* ‘Atropurpureum’

【别名】紫红叶鸡爪槭、小红枫

【科属】槭树科 · 槭属

【识别特征】落叶小乔木,高 6 ~ 9 m。树形直立,长势较弱,枝疏而横展,树冠近圆球形。新枝紫红色,成熟枝暗红色;早春嫩叶鲜红,密生白色软毛,叶片舒展后渐脱落,叶色亦由艳红转淡紫色,夏季逐渐转为暗绿色,秋季新叶又为鲜红色;叶掌状分裂较深,裂数比鸡爪槭少。花期 5 月,伞房花序顶生，花粉紫色；翅果平滑无毛，两翅展开成钝角，10 月种熟。

【产地与习性】 我国华北与长江流域广泛栽植。中性偏阴树种，喜光耐半阴，忌烈日暴晒；喜温暖湿润、气候凉爽的环境，较耐寒；夏季遇干热风吹袭会造成叶缘枯卷，高温日灼还会损伤树皮。

【繁殖栽培】 主要采用嫁接、扦插繁殖，亦可种子繁殖。

【园林应用】 红枫叶形美观，春季新叶鲜红色，为优良的春季观叶树种。最宜配植于苍松林丛之间、点缀于溪边池旁，红叶摇曳，引人入胜；或植于草坪、土丘、路隅、亭廊及山石之间，均很合宜；若以常绿树或白粉墙作背景衬托，色彩尤为赏心悦目；红枫古桩或小树还可制作盆景，用于室内美化也极雅致。

树形

叶片与花

果实

叶片

羽毛枫

【学名】 *Acer palmatum* ‘Dissectum’

【别名】 细叶鸡爪槭、青羽毛枫

【科属】 槭树科 · 槭属

【识别特征】 为鸡爪槭的栽培品种，树冠低矮而开展，枝略下垂，叶掌状深裂达基部，裂片又羽状深裂，具细尖齿，绿色，秋叶深黄至橙红色。

同属栽培品种：

深红细叶鸡爪槭（又名红羽毛枫），叶形与细叶鸡爪槭（青羽毛枫）相同，唯叶春季至秋季呈紫红色。

树形

【产地与习性】分布于河南至长江流域。喜欢温暖湿润、气候凉爽的环境，喜光但怕烈日，属中性偏阴树种，夏季遇干热风吹袭会造成叶缘枯卷，高温日灼还会损伤树皮，至于黄河以北，则宜盆栽，冬季入室为宜。

【繁殖栽培】主要采用嫁接繁殖，也可播种或扦插繁殖。

【园林应用】羽毛枫姿态婆娑，叶形秀丽，叶色青绿或紫红，为珍贵之观叶树种。宜点缀于庭前、溪边、路旁，色彩调和，引人入胜；或丛植于草坪边角及在山石中配植，衬以粉墙，并与茶梅、杜鹃类同植，则相映成辉；亦可作盆栽或制作树桩盆景，盎然可爱。

树形

枝条与果实

丁香

丁香

树形

【学名】*Syringa oblate Lindl.*

【别名】紫丁香

【科属】木犀科 · 丁香属

【识别特征】落叶小乔木或灌木，高 4 ~6 m。小枝圆，髓心实；单叶对生，叶片近心形，全缘或有分裂，叶背微有短柔毛。花期 3—4 月，花两性，呈顶生或侧生之圆锥花序；花萼小，钟形，具 4 裂片，紫红色；果期 7—8 月，蒴果长圆形，种子扁平，具细翅。

常见同属栽培变种：

白丁香 *Syringa oblata* var. *alba* Hort. ex Rehd. 花白色，叶较小，背面微有柔毛。花期 4—5 月。长江流域以北普遍栽培。

【产地与习性】产于我国华北、东北地区，现长江流域以北各省区均有栽培。为温带及寒带树种，阳性，喜光照，耐寒性强；喜肥沃湿润、排水良好的土壤，耐干旱，忌在低湿处种植；对多种有毒气体有较强的抗性。

【繁殖栽培】南方常用嫁接或扦插繁殖，北方则以播种为主。

【园林应用】丁香属树种为我国北方常见花木，南方应用亦渐普及，已成为国内外园林不可缺少的绿化植物。可孤植于庭前、窗外，丛植于林缘、草坪或向阳坡地，或布置成丁香专类园，还适宜于盆栽，同时也是切花的良好材料。其对二氧化硫及氟化氢等有较强的抗性，故又可用于工矿厂区的绿化。

花序

花序

蓝花楹

蓝花楹

花

【学名】*Jacaranda mimosifolia* D. Don

【别名】蓝雾树

【科属】紫葳科 · 蓝花楹属

【识别特征】落叶大乔木，高可达 15 m。叶对生，二回羽状复叶，羽片通常在 16 对以上，每一羽片有小叶 16 ~ 24 对。顶生大型圆锥花序，花序长达 30 cm，花冠蓝色，花冠筒细长，花冠裂片圆形。雄蕊 4，2 强雄蕊，花丝着生于花冠筒中部。蒴果木质，扁卵圆形。花期 5—6 月。

【产地与习性】原产于巴西、阿根廷；福建、广东、海南、云南、四川、重庆等地常见栽培。性喜阳光充足和温暖、多湿气候，要求土壤肥沃、疏松、深厚、湿润且排水良好，低洼积水或土壤瘠薄则生长不良。不耐寒，若冬季气温低于 15 ℃，则生长停滞，若低于 3 ~ 5 ℃会发生冷害，夏季气温高于 32 ℃，生长也会受到抑制。

【繁殖栽培】主要采用播种繁殖。

【园林应用】蓝花楹花、叶、果都别具特色，具有很好的观赏效果。大型羽状复叶，美丽优雅又颇具动感；花期 5—6 月，春末夏初，正是园林中少花时节，蓝色的花营造出浪漫静谧的小环境。因此造景效果比较好。可以在孤植、列植、丛植等，效果均好。

花序

果实

叶片

树形

喜树

树形

【学名】*Camptotheca acuminata* Decne.

【别名】旱莲木、千丈树、水栗子

【科属】蓝果树科 · 喜树属

【识别特征】落叶大乔木，高 20 ~ 25 m。树冠倒卵形；树干端直，树皮光滑，灰白色，侧枝平展，幼时绿色，有突起的皮孔。单叶互生，全缘或具粗锯齿，卵状长椭圆形，羽状脉，上凹下凸，无托叶。花单性同株，花期 5—6 月，球形头状花序顶生或簇生，常数个组成总状复花序；坚果 10—11 月成熟。

【产地与习性】我国特产，长江流域以南各省区均有分布和栽培。中性树种，喜光，稍耐阴；喜温暖湿润环境，不耐严寒；深根性，喜疏松、肥沃、湿润的土壤，不耐干旱瘠薄；不耐烟尘及有毒气体。

【繁殖栽培】常用播种繁殖。

【园林应用】喜树高大雄伟,树冠宽展,枝密叶浓,花色清雅,果形奇特,在园林中宜作庭荫树和行道树,也是良好的四旁绿化树种,与常绿阔叶树混植尤为适宜。

果实

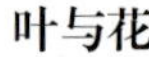

叶与花

果实

花序

珙桐

【学名】*Davidia involucrata* Baill.

【别名】鸽子树

【科属】蓝果树科·珙桐属

【识别特征】落叶乔木,高 15 ~20 m,稀达 25 m;树皮深灰色或深褐色,常裂成不规则的薄片而脱落。当年生枝紫绿色,无毛,多年生枝深褐色。叶纸质,互生,无托叶,常密集于幼枝顶端,阔卵形或近圆形,顶端急尖或短急尖,具微弯曲的尖头,基部心形,边缘有三角形而尖端的粗锯齿。两性花,雄花同株,由多数的雄花与一个雌花或两性花组成近球形的头状花序,直径约 2 cm,着生于幼枝的顶端,两性花位于花序的顶端,雄花环绕于其周围,基部具纸质、矩圆状卵形或矩圆状倒卵形花瓣状的苞片 2 ~3 枚,初淡绿色,继变为乳白色,后变为棕黄色而脱落。果实为长卵圆形核果,紫绿色具黄色斑点。花期4月,果期10月。

【产地与习性】在我国分布于湖北、湖南、四川、贵州、云南、甘肃等地。性喜空气阴湿处,喜中性或微酸性腐殖质深厚的土壤,在干燥多风、日光直射之处生长不良,不耐瘠薄,不耐干旱。幼苗生长缓慢,喜阴湿,成年树趋于喜光。

【繁殖栽培】常用播种、嫁接繁殖。

【园林应用】珙桐为世界著名的珍贵观赏树,常植于池畔、溪旁及建筑物旁,具有和平的象征意义。

枝叶

花序

苦楝

【学名】*Melia azedarach* Linn.

【别名】楝树

【科属】楝科·楝属

【识别特征】落叶乔木,高15~20 m。枝条开展,树冠近平顶状,树皮暗褐色,浅纵裂;嫩枝及嫩叶背面有星状细毛,小枝粗壮,皮孔多而明显。二至三回奇数羽状复叶,互生,小叶卵状披针形,先端较尖,缘有锯齿或裂。花两性,复聚伞花序,淡紫色,花期4—5月;核果近球形,直径1~1.5 cm,10—11月成熟,橙黄色,宿存枝上,经冬不落。

【产地与习性】产于我国华北南部至华南、西南地区,多生于低山及平原;印度、缅甸亦有分布。阳性树种,喜光,不耐阴;喜温暖湿润环境,不甚耐寒;对土壤要求不严,钙质土、盐碱土也能适应,稍耐干旱瘠薄及水湿;深根性,萌芽力强,生长快速。

【繁殖栽培】以播种为主,也可分蘖繁殖。

【园林应用】苦楝树干通直挺拔,树冠圆整,羽叶舒展,叶形秀丽,春末开淡紫色花,素雅悦目。为优良的庭荫树、行道树,可孤植、列植、丛植于池边、坡地、游憩道两侧以及草坪边缘;又是江南地区工厂、街坊、公路与铁路沿线、江河两岸、海涂等处绿化造林的重要树种。

叶片

花序

花序

果实

香椿

【学名】*Toona sinensis* (A. Juss.) Roem.

【别名】红椿

【科属】楝科・香椿属

【识别特征】落叶大乔木，高 20～25 m。树干通直，树皮赭褐色，窄条片状剥落，小枝粗壮，幼枝被白粉，叶痕大，扁圆形。羽状叶丛生枝端，为偶数（稀奇数）羽状复叶，小叶 10～22 枚，卵状披针形，新叶有香气，可食用。花两性，圆锥状复聚伞花序顶生，花白色，具芳香，花期 5—6 月。蒴果长椭圆形，果熟期 9—10 月，种子多数，一端有扁平膜质的翅。

【产地与习性】分布于辽宁南部、华北及以南广大地区。阳性树种，喜光不耐阴；喜温暖湿润气候，耐寒性较差；土壤适应性广，酸性、中性及钙质土均能生长，也能耐轻度盐渍土，较耐水湿；浅根性，萌生力强，生长快。

【繁殖栽培】以播种为主，也可根插繁殖。

【园林应用】香椿树高冠大，枝叶浓密，春季新叶褐红，既可观赏又可食用，为优良的庭荫树、行道树。其木材红褐色，纹理细，是造船、制家具的优质木材。

枝条

嫩叶

臭椿

【学名】 *Ailanthus altissima* (Mill.) Swingle

【别名】 白椿、樗树

【科属】 苦木科 · 臭椿属

【识别特征】 落叶乔木，高 25 ~ 30 m。树皮幼时光滑，老时有浅裂纹；枝粗壮开展，叶痕大，缺顶芽，叶痕大，倒卵形。奇数(稀偶数)羽状复叶，互生，小叶卵状披针形，有臭味。5—6 月开花，圆锥花序顶生，花黄白色；果期 9—10 月，翅果，褐色。

【产地与习性】 原产于我国东北南部、华北、西北至长江流域；朝鲜、日本也有分布。阳性树种，喜光不耐阴；适应性强，耐寒，耐干旱瘠薄，不耐水湿；深根性，根系发达，耐盐碱；对烟尘与有害气体的抗性较强，病虫害较少。

【繁殖栽培】 主要采用播种繁殖。

【园林应用】 臭椿树干通直高大，树冠圆整，姿态优美，是良好的庭荫树和行道树。对有毒气体抗性强，并有吸尘抗烟功能，也是工矿区绿化、盐碱地水土保持及荒山造林的优良树种。

花枝

果实

紫花泡桐

花序

【学名】*Paulownia tomentosa*(Thunb.)Steud.

【别名】毛叶泡桐、绒毛泡桐

【科属】玄参科·泡桐属

【识别特征】落叶大乔木,高 20 ~25 m。树冠宽大圆形,树皮浅裂,褐灰色。枝粗大,髓腔也大,小枝有明显皮孔;冬芽小,2 枚叠生。叶大,宽卵形或卵形,表面密被柔毛。花期 3 月上旬—4 月上旬,先花后叶,聚伞花序,花冠钟形,蓝紫色;蒴果卵圆形,9—10 月成熟,经冬不落。

同属常见栽培种:

白花泡桐 *Paulownia fortunei* (Seem.) Hemsl. 花奶白色,内有紫色斑点。

【产地与习性】主产于陕西及河南西部,辽宁南部、黄河中下游及浙江、江西、湖北等地有栽培;日本、朝鲜、欧洲和北美洲也有引种。强阳性树种,不耐荫蔽,对温度适应性宽;肉质根,较耐旱,忌积水,不耐盐碱;对有害气体抗性较强;萌蘖力强,生长快,材质松。

【繁殖栽培】常用播种、埋根、埋干等法繁殖。

【园林应用】紫花泡桐树干端直,冠大荫浓,先叶而放的花朵色彩绚丽,宜作庭荫树和行道树;又因其叶大毛多,能吸附灰尘,净化空气,抗有毒气体,故特别适于工厂绿化。

树形

果实

柿树

【学名】*Diospyros kaki* Thunb.

【别名】山柿、猴枣

【科属】柿科·柿属

【识别特征】落叶乔木,高 15 ~20 m。树冠为自然半圆形;树皮暗灰色,长方块状开裂。冬芽先端钝,小枝密被褐色或棕色柔毛,后渐脱落。叶椭圆形至倒卵形,先端突尖,近革质,基部阔楔形或近圆形,表面深绿色,有光泽,背面淡绿色。花期 5—6 月,花冠钟状,黄白色;浆果卵圆形或扁球形,橙黄色或鲜黄色,花萼宿存,9—10 月成熟,种子扁肾形。

【产地与习性】 原产于我国，北自河北，南达两广，东起东南沿海，西至陕甘等地均有分布。阳性树种，喜光，喜温暖气候，亦较耐寒；深根性，对土壤的要求不高，耐干旱瘠薄；生长缓慢，寿命长。

【繁殖栽培】 主要采用嫁接繁殖。

【园林应用】 柿树枝繁叶茂，树冠开张，展盖如伞，秋叶凌霜变成深红色，是观叶观果俱佳的优良观赏树种，既可孤植、群植于庭院、公园，也可杂植于常绿树间，均可增辉于景。

枝叶

叶片

果实

秋叶

3.2 灌木

灌木指那些没有明显的主干、呈丛生状态、比较矮小（通常在 6 m 以下）的树木，可分为常绿灌木、落叶灌木两类。

3.2.1 常绿灌木

1）常绿针叶灌木

铺地柏

【学名】*Sabina procumbens*（Endl.）Iwata et Kusaka.

【别名】匍地柏、爬地柏

【科属】柏科・圆柏属

【识别特征】匍匐灌木，高约 80 cm。枝条沿地面横向扩展，几乎不见主干。叶全为刺形，3 叶交叉轮生，深绿色，叶上面有两条白色气孔线，下面基部有 2 个白色斑点。雌雄异株，花期 4 月；球果近圆形，翌年 10 月成熟，熟时黑色，内含种子 2～3 粒，有棱脊。

铺地龙柏

铺地龙柏叶片

铺地柏叶片

铺地柏

同属常用栽培品种：

铺地龙柏 *Sabina chinensis* cv. Kaizuca procumbens 似龙柏，但匍匐生长，系中国科学院庐山植物园用龙柏枝扦插培育而成，贴地伏生，叶多为鳞叶。

【产地与习性】原产于日本；我国黄河流域以南园林中常见栽培。阳性树种，喜光，能在干燥的砂地上生长良好,喜石灰质的肥沃土壤,忌低湿地栽植。

【繁殖栽培】以扦插繁殖为主。

【园林应用】铺地柏和匍地龙柏小枝葱茏,蜿蜒匍匐,叶色葱茏,为理想的木本地被植物。在园林中宜配置于悬崖、假山、岩缝、斜坡、湖畔或草坪边缘,各地亦常见盆栽观赏,古雅别致。

千头柏

【学名】*Platycladus orientalis* 'Sieboldii'

【别名】扫帚柏

【科属】柏科・侧柏属

【识别特征】丛生灌木,无明显主干,自基部多分枝,树冠卵圆形或球形,叶色鲜绿;树皮薄,浅灰褐色,纵裂成条片;枝条向上伸展或斜展,幼树树冠卵状尖塔形,老树树冠则为广圆形;叶鳞形,长 1 ~3 mm。雄球花黄色,卵圆形,雌球花近球形,蓝绿色,被白粉。球果近卵圆形,蓝绿色,被白粉,成熟后木质,开裂,红褐色。花期 3—4 月,球果 10 月成熟。

种子

树形

【产地与习性】分布于我国长江流域,多栽培。适应性较强,耐轻度盐碱,耐干旱、瘠薄,怕涝。

【繁殖栽培】以播种繁殖为主。

【园林应用】千头柏枝条密集,分枝角度小,不需人工修剪,自然形成卵圆形或椭圆形树冠,其树形优美,是优良的城市、庭院绿化观赏树种和绿篱。

2)常绿阔叶灌木

含笑

【学名】*Michelia figo*(Lour.)Spreng.

【别名】含笑花、香蕉花

【科属】木兰科・含笑属

【识别特征】常绿灌木或小乔木,高 3 ~6 m。由紧密的分枝组成圆形树冠;芽、幼枝、叶柄、花梗均密被褐色绒毛。有托叶痕,托叶痕达叶柄顶端。叶倒卵状椭圆形,全缘,革质,叶面有光泽。花单生叶腋,淡黄色,边缘有时红或紫色,具芳香(香蕉味),花被片 6 片,花期 3—5 月,果期 7—8 月。雌蕊群有柄。

【产地与习性】原产于广东、广西,现从华南至长江流域各省区均有栽培。中性,稍耐阴,不耐烈日暴晒;性喜温暖,不甚耐寒;喜排水良好的微酸性至中性土壤,不耐干旱贫瘠与积水;对氯气有较强的抗性。

【繁殖栽培】以扦插为主，也可播种、嫁接、压条繁殖。

【园林应用】含笑枝密叶茂，四季常青，花开时节浓香扑鼻，为著名芳香类花木。适于小游园、公园或街道边成丛栽植，或配植于草坪边缘、稀疏林下，使游人在休闲之中能得芳香之享受。

树形

花枝

花枝

花

南天竹

南天竹

【学名】*Nandina domestica* Thunb.

【别名】天竺、南天竺

【科属】小檗科 · 南天竹属

【识别特征】常绿灌木，高约 2 m。干直立，少分枝，叶轴具关节。奇数羽状复叶，小叶互生，椭圆状披针形，先端渐尖，基部楔形，表面光滑，背面叶脉隆起，全缘，近似竹叶。圆锥花序顶生或腋生，花期 5—6 月，开白色小花；浆果球状，10 月成熟，鲜红色，经冬不落。

【产地与习性】原产于我国中部、西南及广西，多生于石灰岩上；日本有分部。现国内外庭园广泛栽培。中性，喜光又耐阴；喜温暖湿润环境，但能耐低温；适应性强，既耐干旱瘠薄，又耐水湿；在强光下叶色变红，且不易结果。

【繁殖栽培】常用播种、扦插、分株等法繁殖。

【园林应用】南天竹枝干丛生,枝叶扶疏,清秀挺拔,秋冬时叶色变红,且红果累累,经久不落,为赏叶观果的优良树种。宜植于山石旁、屋庭前或墙角阴处,也可丛植于林缘与树下;老桩作盆景,果枝可插瓶。

花序

果枝

丛植

十大功劳

十大功劳

【学名】*Mahonia fortunei*(Lindl.)Fedde

【别名】狭叶十大功劳、黄天竹、土黄柏

【科属】小檗科·十大功劳属

【识别特征】常绿灌木,高约 2 m。奇数羽状复叶,小叶 2~5 对,狭披针形至狭椭圆形,每侧有 5~10 刺齿,背淡黄绿色。总状花序 4~10 个簇生,花梗与苞片等长,花小,黄色,花瓣先端微裂,基部腺体明显。浆果长圆形,蓝紫色,被白粉。花期 7—8 月,11—12 月果熟。

叶片

【产地与习性】主要分布于四川、湖北和浙江等省区。中性，喜光，稍耐阴；适应性强，耐寒，抗干旱；对有毒气体有一定的抗性。

【繁殖栽培】采用播种、扦插、分株等法繁殖。

【园林应用】十大功劳枝叶苍劲，黄花成簇，是庭园花境、花篱的好材料；常植于庭院、林缘及草地边缘，或作绿篱及基础种植；其对有毒气体有抗性，也可用于厂矿绿化。全株可药用，具有滋阴强壮、清凉、解毒等功效。

花序

果枝

阔叶十大功劳

【学名】*Mahonia bealei* (Fort.) Carr.

【别名】土黄柏、八角刺

【科属】小檗科・十大功劳属

【识别特征】常绿灌木，高约 3 m。茎干丛生直立，全株无毛；奇数羽状复叶，小叶 4 ~ 10 对，背面被白粉，基部广楔形或近圆形，边缘有刺锯齿，叶面有光泽，叶背黄绿色。总状花序常 3 ~ 9 个簇生，鲜黄色，有香味，花瓣先端微裂，基部腺体明显。4—5 月开花；浆果卵形、深蓝色，被白粉，9—10 月成熟。

【产地与习性】产于陕西、安徽、浙江、福建、湖北、四川、广东等地；多生于山坡及灌丛中；华东、中南各地园林中常见栽培观赏；华北地区以盆栽为主。中性，喜光，较耐阴；喜温暖湿润气候，不耐严寒；对土壤要求不严，适应性强；对二氧化硫抗性强，但对氟化氢危害较为敏感。

树形

花序

【繁殖栽培】采用播种、扦插、分株等法繁殖。

【园林应用】阔叶十大功劳叶形奇特秀丽,早春黄花喷芳吐艳,宜与山石配置,也宜丛植、群植于树坛、墙下,或作为林缘下木栽植;因其对有毒气体有一定的抗性,也可用于厂矿绿化。

花序

果实

安坪十大功劳

【学名】*Mahonia eurybracteata* subsp. *ganpinensis* (Lévl.) Ying et Boufford

【别名】甘坪十大功劳

【科属】小檗科·十大功劳属

【识别特征】常绿灌木,高 0.5 ~2 m,小叶 6 ~9 对,背面淡黄绿色,小叶圆状倒披针形,宽 1.5 cm 以下,每边有 3 ~9 刺齿。总状花序 4 ~10 个簇生,花梗短,花瓣先端微裂,基部腺体明显。浆果倒卵状或长圆状,长 4 ~5 mm,直径 2 ~4 mm,蓝色或淡红紫色,具宿存花柱,被白粉。花期 8—11 月,果期 11 月—翌年 5 月。

【产地与习性】产于贵州、四川、湖北,浙江、四川、重庆等地有栽培,多生于林下、林缘或溪边。喜光,较耐阴;喜温暖湿润气候,不耐严寒;对土壤要求不严,适应性强。

【繁殖栽培】采用播种、扦插、分株等法繁殖。

【园林应用】与前两种的主要区别是叶虽具有刺齿,但较为柔软,对人的伤害性小,宜与山石配置,也宜丛植、群植于树坛、墙下,或作为林缘下绿篱栽植。

檵木

【学名】*Loropetalum chinense* (R. Br.) Oliver

【别名】桎木、青檵木、白花檵木

【科属】金缕梅科·檵木属

【识别特征】常绿小乔木或灌木,高 3 ~6 m。小枝有淡棕色星状毛。单叶互生,椭圆状卵形,顶端突尖,基部偏斜而圆,下面有星状毛,全缘。花期 3—6 月,花 3 ~8 朵簇生于总梗上呈顶生头状花序,花瓣 4 枚,带状线形,淡黄白色。果期 9—10 月,蒴果木质,近卵圆形;种子椭圆形,黑色

檵木

有光泽。

同属常用栽培变种：

红檵木 *Loropetalum chinense* var. *rubrum* Yien 叶片形状、大小与檵木相似，但叶与花均为紫红色；具体分为单面红、双面红、黑珍珠（叶色、花色最佳）。

【产地与习性】 原产于湖南长沙岳麓山，现江南各地普遍栽植。阳性，喜光，稍耐阴，喜湿润肥沃的微酸性土壤；适应性强，耐寒，耐旱；发枝力强，耐修剪整形。

【繁殖栽培】 采用播种、扦插或嫁接繁殖。

【园林应用】 檵木宜植于林缘、山坡地、路旁及园路转角处；老树桩古老奇特，适宜制作盆景。红花檵木叶红花美，可列植成花篱、片植成色块或修剪成球形，常与黄叶、绿叶灌木搭配，美化效果很好；也可在檵木老桩上嫁接红花檵木而成为红叶红花的树桩盆景，观赏价值更高。

红花檵木球

红花檵木花

红花继木

檵木花序

蚊母树

【学名】*Distylium racemosum* Sieb. et Zucc.

【别名】蚊子树

【科属】金缕梅科·蚊母树属

【识别特征】常绿灌木或小乔木,树冠开展,幼枝和叶下面被鳞片我。单叶互生,革质,椭圆形,全缘。花期 4 月,总状花序腋生,花于新叶展放后开放,萼齿大小不等,无花瓣,花药深红色。果期 10 月,蒴果木质,卵圆形,顶端具 2 尖头,成熟时 2 瓣裂。

蚊母绿篱

【产地与习性】产于福建、台湾、广东、广西、湖南;日本、朝鲜有分布。长江流域城市广泛栽培。中性,喜光,稍耐阴,喜温暖湿润气候;对土壤要求不严,但排水必须良好;萌芽力强,耐修剪。

【繁殖栽培】常用播种和扦插繁殖。

【园林应用】蚊母树为普通绿化树种,可种植于路旁、庭前、草坪内外以及大乔木下,也可用于工矿厂区绿化。

叶片

虫瘿

山茶

山茶

【学名】*Camellia japonica* Linn.

【别名】茶花、曼陀罗树

【科属】山茶科·山茶属

【识别特征】常绿灌木或小乔木,高 4 ~ 8 m。树皮平滑,灰白色,小枝黄褐色。枝叶茂密,单叶互生,革质,卵形或椭圆形,叶缘有细齿,叶脉网状,不明显。叶面深绿色,叶光亮,平滑无毛。花大,红色,栽培品种有白色、淡红色及复色。花丝及子房均无毛,果球形。花期 11 月至翌年 2—4 月。

树形

【产地与习性】原产于江苏、浙江、湖北、台湾、广东、云南;日本有分布。现今全球通过杂交育种已有 2 000 多个栽培品种。在我国中部及南方各省可露地栽培，已有 1 400 多年的栽培历史，北方则以温室盆栽为主。中性，喜半阴，忌阳光直射；喜温暖湿润环境，耐寒力较差；喜微酸性土壤，植于偏碱性土壤生长不良；忌积水，排水不良时会引起根系腐烂致死；对硫化物和氯气有一定的抗性。

【繁殖栽培】 可用播种、扦插、嫁接、压条等法繁殖。

【园林应用】 山茶花是中国十大名花之一，也是世界闻名的观花树种。其叶色翠绿，花大色美，品种繁多，绿化、美化效果好。宜丛植于疏林之内或林缘，也可布置于建筑物南面暖处，孤植、群植均可。唯茶花喜温、喜阴、喜酸性土，故应选择适宜之地栽植，与落叶乔木搭配，尤为相宜。

花枝

花枝

花

花

花

茶梅

茶梅

花

【学名】 *Camellia sasangua* Thunb.

【别名】 茶梅花、冬红山茶

【科属】 山茶科 · 山茶属

【识别特征】 常绿灌木，高 2 ~4 m。树冠球形或扁圆形；树皮灰白色。叶互生，椭圆形至长圆卵形，革质，叶缘有细齿，新叶有光泽，老叶色较深。叶、花均小，子房被毛。花期 11 月至翌年 3 月，红色、粉红色或白色，略芳香；蒴果球形。

【产地与习性】 原产于日本；我国各大城市中有栽培。中性，喜半阴、湿润环境,忌阳光过烈,稍耐寒;喜疏松、肥沃和排水良好的酸性土壤,土壤黏重和排水不良时,会使根部发生腐烂;有一定的抗旱性,忌施肥过浓。

【繁殖栽培】可用播种、扦插、嫁接等法繁殖。

【园林应用】茶梅株形低矮,枝繁叶茂,着花繁多,花色丰富,可孤植、丛植、片植,亦可盆栽观赏;还可用作绿篱,开花时为花篱、落花后为常绿绿篱,故在园林绿化中很常用。

绿篱

叶片

厚皮香

【学名】*Ternstroemia gymnanthera* (Wight et Arn.) Beddome

【别名】猪血木、秤杆木

【科属】山茶科・厚皮香属

【识别特征】常绿灌木或小乔木,高 3 ~ 5 m。干多分枝,小枝粗壮,树冠圆球形。叶革质,倒卵形或椭圆状倒卵形,全缘,侧脉两面不明显,表面暗绿色,有光泽,常数片簇生枝端,叶柄红色。花期 6—7 月,花长生于无叶的小枝上,萼片 5,花瓣 5,淡黄色,有浓香;果球形,10 月成熟,种子红色,有油质。

树形

果实

【产地与习性】分布于我国南部各省区；日本、朝鲜半岛也有。中性，喜光又耐阴，喜温暖湿润气候和背阴潮湿环境；要求排水良好、湿润肥沃的土壤；根系发达，萌芽力弱，不耐修剪；对有害气体有较强抗性。

【繁殖栽培】常用播种繁殖，种子需沙藏至次年春播；也可采用扦插繁殖。

【园林应用】厚皮香树冠浑圆，枝叶层次感强，叶肥厚浓绿，入冬转褐红，花开时节芳香诱人。在园林应用中以球形为主，宜植于林下、林缘、步道两侧、假山石旁，也是工矿厂区绿化的优良树种。

花枝

叶片

金丝桃

绿篱

【学名】*Hypericum monogynum* Linn.

【别名】金丝海棠、土连翘

【科属】藤黄科·金丝桃属

【识别特征】常绿或半常绿灌木，高 0.8 ~ 1.5 m。枝叶密生，树冠圆头形；树皮灰褐色；小枝对生，红褐色，幼枝具 2 ~ 4 纵棱。叶较大，椭圆形或长圆形，长达 10 cm，叶表面绿色，背面粉绿色，具透明腺点，全缘，网状脉在叶面明显。萼片窄，雄蕊与花瓣近等长，花柱合生，柱头 5 裂。花期 5—8 月，少数花开至 9 月，金黄色花，单生或 3 ~ 7 朵集合成聚伞花序，顶生；蒴果卵圆形，9—10 月成熟。

【产地与习性】主产于我国华北、华东地区以及四川、广东等地；日本也有分布。为温带、亚热带树种，中性，喜光，略耐阴，稍耐寒；喜排水良好、湿润肥沃的砂质壤土，忌积水；根系发达，萌芽力强，耐修剪。

【繁殖栽培】可用播种、分株及扦插等法繁殖。

【园林应用】金丝桃枝叶丰满，花开时节色彩鲜艳，绚丽可爱，可丛植或群植于草坪、树坛的边缘和墙角、路旁等处；华北多行盆栽观赏，也可作为切花材料。

花

花

金丝梅

【学名】 *Hypericum patulum* Thunb. ex Murray

【别名】 金红梅、路边黄

【科属】 藤黄科·金丝桃属

【识别特征】 似前种，但是叶卵圆形至卵状长圆形，较小。萼片宽卵圆形至圆形，雄蕊显著短于花瓣，花柱离生。花期6—7月。

【产地与习性】 产于陕西、江苏、安徽、浙江、江西、福建、台湾、湖北、湖南、广西、四川、贵州等地。生于山坡或山谷的疏林下、路旁或灌丛中，海拔450～2400 m。多国有栽培。金丝梅生长适应性强，中等喜光，有一定耐寒能力，喜湿润土壤，忌积水，在壤土中生长良好。

【繁殖栽培】 可采用分株繁殖、扦插繁殖、播种繁殖，当需大量苗木时，可采用组培繁殖。

【园林应用】 金丝梅花朵硕大，花形美观，花色金黄醒目，观赏期长，是非常珍贵的观赏灌木。宜植于庭院内、假山旁及路边、草坪等处，也可配置专类园和花径，还可盆栽观赏，亦能作切花，是城市绿化的良好材料。

花

绿篱

白花杜鹃

白花杜鹃

【学名】 *Rhododendron mucronatum* (Bl.) G. Don

【别名】春鹃、杜鹃花

【科属】杜鹃花科 · 杜鹃花属

花与叶

花

花

花

花

花

【识别特征】常绿灌木，小枝密被开展的长柔毛。叶两型、互生，卵形或椭圆形，春季叶交大而早落，夏季叶小而宿存，两面密被糙伏毛和腺毛。花期 4—5 月，花序顶生，花 1 ~3 朵，冠钟形或漏斗形；品种甚多，花色丰富，有白色、粉白色、粉红色等色。雄蕊 10，子房密被刚毛。

【产地与习性】分布于江苏、安徽、浙江、福建、江西、广东、广西、云南、四川、重庆等地。中性，喜半阴,忌烈日直射;喜凉爽湿润的气候,恶酷热干燥。要求富含腐殖质、疏松、湿润及 pH 值在 5.5 ~6.5 的酸性土壤,在碱土中生长易发生黄化,忌积水。

【繁殖栽培】常用播种、扦插、嫁接等法繁殖。

【园林应用】传统名花之一。花期长,可群植于疏林下,或在花坛、树坛、林缘作色块布置,也可盆栽观赏。

钝叶杜鹃

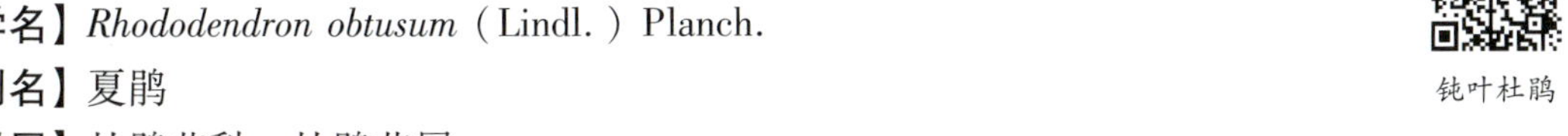

钝叶杜鹃

【学名】*Rhododendron obtusum* (Lindl.) Planch.

【别名】夏鹃

【科属】杜鹃花科 · 杜鹃花属

【识别特征】常绿灌木,分枝多而密。叶小,先端钝尖或圆,边缘具纤毛。花期 5—6 月,花 2 ~3 朵与新梢同时抽出,花色粉红色,仅 1 裂片有深色斑点。雄蕊 5,与花冠等长。

【产地与习性】原产于日本;我国华东、华南及西南等地广为栽培。对光有一定要求,但不耐曝晒。喜凉爽湿润的气候,最适宜的生长温度为 15 ~20 ℃,要求富含腐殖质、疏松、湿润及 pH 值在 5.5 ~6.5 的酸性土壤。在黏重或通透性差的土壤上,生长不良。

【繁殖栽培】常用播种、扦插等法繁殖。

【园林应用】枝繁叶茂,绮丽多姿,萌发力强,耐修剪,园林中最宜在林缘、溪边、池畔及岩石旁成丛成片栽植,也可于疏林下散植,是花篱的良好材料,可经修剪培育成各种形态。

绿篱

花枝

火棘

火棘

【学名】*Pyracantha fortuneana*(Maxim.)Li

【别名】火把果、救军粮

【科属】蔷薇科 · 火棘属

【识别特征】常绿灌木,高约 3 m。枝条暗褐色,拱形下垂,幼时有锈色短柔毛,短侧枝常成刺状。单叶互生,倒卵状长圆形,中部以上最宽,先端钝或微凹,有时具短尖头,基部楔形,缘有钝锯齿,亮绿色。3—5 月开小白花,复伞房花序,8—11 月果熟,小梨果橘红或鲜红色,可挂果至翌年 3 月。

火棘　　火棘果实

火棘花序　　小丑火棘

新开发栽培变种：

小丑火棘 *Pyracantha fortuneana* 'Harlequin' 常绿灌木，叶小，长椭圆形，春夏叶淡黄色，深秋至冬季为淡紫红色，并有黄白色花纹，似小丑花脸而得名。

【产地与习性】 主产于我国长江流域及以南各省区，现各地广为栽培。阳性，喜光，稍耐阴，较耐寒；对土壤要求不严，耐干旱瘠薄，耐盐碱；萌芽力强，耐修剪；对有毒气体有一定的抗性。

【繁殖栽培】 常用播种或扦插繁殖。

【园林应用】 火棘入夏时白花点点，入秋后红果累累，是观花、观果的优良树种。在园林中可孤植、丛植、片植或作绿篱配置，也可整修成球形；果枝还是瓶插的好材料，红果经冬不落。火棘老桩古雅多姿，可制作为盆景欣赏；小苗经造型扎成微型盆景，也很别致。小丑火棘为新开发的观叶植物，丛植、列植、片植均相宜，常与绿色、红色小灌木组成色块图案。

石楠

石楠

【学名】 *Photinia serrulata* Lindl.

【别名】 千年红、扇骨木

【科属】 蔷薇科・石楠属

【识别特征】 常绿灌木或小乔木，高 5～10 m。树形端正，小枝褐灰色，无毛；叶片长椭圆形或倒卵状长椭圆形，革质，有大锯齿，幼叶略带红色，柄长 2～4 cm。顶生复伞房花序，小花白色，无毛，花密生，花药带紫色，梨果球形，由绿转红，最后为紫褐色。花期4—6月，果10月成熟。

【产地与习性】原产于我国长江流域以南各省区，为优美的庭院树种。阳性，喜光，稍耐阴；喜温暖湿润环境，较耐寒；耐干旱瘠薄，忌水渍和排水不良的黏土；生长缓慢，萌芽力强，耐修剪。

【繁殖栽培】以播种为主，也可扦插繁殖。

【园林应用】石楠树形圆整，枝叶浓密，春生嫩叶淡红色，初夏白花点点，秋冬红果累累。园林中孤植、丛植及作绿篱皆甚合适，尤宜配植于整形式园林中。椤木石楠适宜作高篱，因枝干有刺，隔离效果好；也可用作林区及城乡防火树种。

花枝

果枝

红叶石楠

【学名】*Photinia* × *fraseri* Dress

【科属】蔷薇科·石楠属

【识别特征】常绿小乔木或灌木，高3~6 m。叶革质，倒卵状长椭圆形，有细锯齿，春、秋新叶亮红色；花期4—6月，顶生复伞房花序，花小，多而密，奶白色；梨果球形，10月果熟，红色，能延续至冬季。

【产地与习性】主产于亚洲东南部和北美洲亚热带地区；我国于20世纪90年代引种栽培，现已红遍大江南北。阳性，喜光，稍耐阴；喜温暖气候，亦耐寒；对土壤适应性强，耐干旱瘠薄，稍耐盐碱，但忌水湿；生长较快，萌芽力强，耐修剪。

花序

丛植

【繁殖栽培】主要采用扦插或组织培养繁殖。

【园林应用】红叶石楠春、秋新叶红艳悦目，可片植成色块，与其他彩叶树种组成各种图案；或列植成绿篱、群植成幕墙应用于街道、居住区、厂区绿地和公路绿化隔离带；也可培育成球形，在绿地中孤植、丛植或盆栽放置于门廊及室内，均甚适宜。罗成石楠为新开发的观叶植物，可用作球形、绿篱或色块。

海桐

【学名】*Pittosporum tobira*（Thunb.）Ait.

【别名】山矾

【科属】海桐科・海桐属

【识别特征】常绿灌木，高 3～5 m。树冠球形，干灰褐色，嫩枝绿色。单叶互生，稀轮生；叶倒卵状椭圆形，厚革质，先端圆钝，基部楔形，边缘反曲，全缘，无毛，叶表面深绿有光泽。4—5 月开花，顶生伞房花序，小花奶白色或淡黄色，有芳香；10 月果熟，蒴果卵球形，种子鲜红色，表面有稠黏物。

树形

花

果实

种子

【产地与习性】原产于江苏、浙江、福建、广东等地；朝鲜、日本亦有分布；现长江流域及以南各地常见栽培应用。中性，喜光亦耐阴；适应性强，有一定的抗旱、抗寒力；对土壤要求不严，稍耐盐碱;萌芽力强,耐修剪造型。

【繁殖栽培】可用播种或扦插繁殖。

【园林应用】海桐为江南城市园林常见之绿化树种,也是海岸防潮林、防风林及厂矿绿化的优良树种,且宜作防火林带之下木。可孤植、丛植于草坪边缘、路旁、河边,常修剪成球形,或列植成绿篱、片植成色块,亦可盆栽观赏,均甚相宜。

胡颓子

【学名】*Elaeagnus pungens* Thunb.

【别名】羊奶子、半春子

【科属】胡颓子科·胡颓子属

【识别特征】常绿小乔木或灌木,高 5 ~8 m。树冠开展,枝有刺,小枝锈褐色,被鳞片。单叶互生,革质,椭圆形至矩圆形,端钝或尖,基部圆形。10—11 月开花,银白色,下垂,有芳香;次年 5—6 月果熟,椭圆形,外种皮红色,被锈色鳞片。

同属常见栽培变种:

金边胡颓子 *Elaeagnus pungens* var. *aurea* 叶片边缘金黄色。

银边胡颓子 *Elaeagnus pungens* var. *variegata* 叶片边缘银白色。

金心胡颓子 *Elaeagnus pungens* var. *frederici* 叶片金黄色并有色斑。

胡颓子叶片

胡颓子花

胡颓子幼果

胡颓子幼果

金心胡颓子

金边胡颓子

金边胡颓子

金边胡颓子叶片

【产地与习性】分布于我国长江流域以南各地；日本也有。阳性，喜光，稍耐阴；喜温暖环境，亦耐寒；对土壤要求不严，从酸性到微碱性土壤都能生长；耐干旱瘠薄，稍耐水湿，对有害气体有较强的抗性。

【繁殖栽培】采用播种或扦插繁殖。

【园林应用】胡颓子叶色秀丽，花吐芬芳，红色小果似小红灯笼缀满枝头，十分雅致，并有金边、银边、金心等观叶变种，宜配植于林缘、道旁，也可修剪成球形，植于庭园观赏；由于其对有害气体有较强的抗性，还适于工矿厂区绿化。

细叶萼距花

花枝

【学名】*Cuphea hyssopifolia* Kunth

【别名】满天星、小叶萼红花

【科属】千屈菜科 · 萼距花属

【识别特征】常绿小灌木，高 30 ~ 60 cm，分枝特别多而细密。叶对生或近对生，线形、线状披针形或倒线状披针形，长 7 ~ 15 mm。花小而多，盛花时布满花坛，状似繁星，故又名满天星。花单生叶腋，结构特别，花萼延伸

为花冠状，高脚蝶状，花瓣6近等大，紫色、淡紫色或白色。花后结实似雪茄，形小呈绿色，不明显，以观花为主。

【产地与习性】主要生长于墨西哥及危地马拉；我国西南、华南城市常见栽培。耐热喜高温，不耐寒。喜光，也能耐半阴，在全日照、半日照条件下均能正常生长。喜排水良好的砂质壤土。

【繁殖栽培】繁殖育苗以扦插为主，也用播种繁殖。

【园林应用】植株枝繁叶茂，叶色浓绿，四季常青，且具有光泽，花美丽而周年开花不断，易成形，耐修剪，有较强的绿化功能和观赏价值。因此广泛应用于园林绿化中。一般在庭园石块旁作矮绿篱，或在花丛、花坛边缘种植，也可栽培在乔木下，或与常绿灌木或其他花卉搭配均能形成优美景观，亦可作地被栽植，可阻挡杂草的蔓延和滋生或作盆栽观赏。

桃叶珊瑚

【学名】*Aucuba chinensis* Benth.

【别名】酒金溶、青木

【科属】山茱萸科·桃叶珊瑚属

【识别特征】常绿灌木，丛生，高2~3 m。小枝二歧分枝，皮孔白色，叶痕大而显著；叶对生，革质，椭圆形至长椭圆形，先端急尖或渐尖，基部广楔形，叶缘疏生锯齿。圆锥花序顶生，雄花序长于雌花序；花绿色或紫红色；核果短椭圆形，11月成熟，果皮鲜红色。

桃叶珊瑚叶片

洒金桃叶珊瑚叶片

果实

绿篱

常见栽培变种：

洒金桃叶珊瑚 var. *variegata* 叶面散生大小不等的黄色或淡黄色斑点。

【产地与习性】产于福建、台湾、江西、湖南、广东、海南、广西、贵州及云南。阴性，极耐阴，夏日阳光暴晒时会引起灼伤而焦叶；喜湿润、排水良好的肥沃土壤；不甚耐寒，对烟尘和大气污染的抗性强。

【繁殖栽培】常用扦插法繁殖。

【园林应用】桃叶珊瑚是十分优良的耐阴树种，特别是洒金桃叶珊瑚的叶片黄绿相映，十分美丽，宜配植于门庭两侧树下、庭院角隅、池畔湖边及溪流林下；在华北地区多见盆栽，供室内布置厅堂、会场之用。

冬青卫矛

冬青卫矛

【学名】*Euonymus japonicus* Thunb.

【别名】大叶黄杨

【科属】卫矛科 · 卫矛属

【识别特征】常绿灌木植物，高可达 3 m；小枝四棱，绿色。叶革质，有光泽，倒卵形或椭圆形，长 3 ~ 5 cm，宽 2 ~ 3 cm，边缘具有浅细钝齿；聚伞花序 2 ~ 3 次分枝，花白绿色，4 数，花丝长。蒴果近球状，平滑；假种皮橘红色，全包种子。花期 6—7 月，果熟期 9—10 月。

花枝

叶片

【产地与习性】原产于日本；我国南北各地均有栽培，供观赏或作绿篱。阳性树种，喜光耐阴，要求温暖湿润的气候和肥沃的土壤。酸性土、中性土或微碱性土均能适应。萌生性强，适应性强，较耐寒，耐干旱瘠薄。极耐修剪整形。

【繁殖栽培】主要用扦插法，嫁接、压条和播种法也可。

【园林应用】冬青卫矛枝叶密集而常青，生性强健，一般作绿篱种植，也可修剪成球形。叶色光泽洁净，新叶尤为嫩绿可爱。其有多种园艺品种，如金边冬青卫矛、银边冬青卫矛、金心冬青卫矛，金叶冬青卫矛，金班冬青卫矛、银斑冬青卫矛等，均可观赏。

构骨

构骨

【学名】*Ilex cornuta* Lindl. et Paxt.
【别名】猫儿刺、老虎刺
【科属】冬青科·冬青属
【识别特征】常绿灌木。树皮灰白色，叶形奇特，硬革质，无毛，叶缘向下反卷，有1~3对硬刺齿。花期4—5月，淡黄绿色，簇生于二年生枝叶腋；核果球形，熟时鲜红色，果期10月至次年3月，挂果期长。

园林常用栽培变种：

无刺构骨 *Ilex cornuta* ‘Fortunei’ 叶硬革质，互生，矩圆形，叶缘稍反卷，无刺齿，叶面有光泽。

构骨果实

树形

构骨叶片

构骨果实

无刺构骨叶片

无刺枸骨

无刺枸骨果实

【产地与习性】产于我国长江流域及以南各地，生于山坡、谷地、溪边杂木林或灌丛中，现各地园林有栽培。中性，喜光，也耐阴；喜温暖湿润气候，稍耐寒；生长缓慢，萌芽力强；深根性，须根少，移植较难；耐烟尘，抗二氧化硫和氯气。

【繁殖栽培】以播种为主，也可扦插繁殖。

【园林应用】枸骨叶形奇特，浓绿光亮，秋冬红果鲜艳，为优良的观叶、观果树种。宜配植于假山边、花坛中心、门庭两旁或道路转角处；也宜作刺绿篱，兼有防护与观赏效果；老桩可作盆景，叶与果枝还可用于插花。无刺枸骨叶无刺齿，秋冬红果与枸骨一样鲜艳夺目，所以在园林中用量比枸骨多。

龟甲冬青

【学名】*Ilex crenata* ‘*Convexa*’ Makino.

【别名】豆瓣冬青

【科属】冬青科·冬青属

【识别特征】常绿灌木，高 1 ~ 3 m。叶小，椭圆形，厚革质，互生，全缘，叶面反拱呈龟背状，新叶嫩绿色，有光泽，老叶墨绿色。花期 5—6 月，果期 10 月。

枝叶

绿篱

【产地与习性】分布于我国长江流域及以南各省区。中性，喜光，耐半阴；适应性强，耐低温，耐干旱瘠薄，忌水湿；对有毒气体一定的抗性；萌发力强，耐修剪。

【繁殖栽培】 常用播种、扦插繁殖。

【园林应用】 龟甲冬青枝干苍劲古朴，叶小密集浓绿，可列植为绿篱、片植为色块或修剪成球形孤植与丛植，也适合于制作盆景。

雀舌黄杨

【学名】 *Buxus bodinieri* Levl.

【别名】 匙叶黄杨

【科属】 黄杨科 · 黄杨属

【识别特征】 常绿灌木，分枝多而密集，成丛；叶形细长，倒披针形或倒卵状椭圆形，顶端钝圆而微凹，因似麻雀之舌而得名，表面绿色、光亮，叶柄极短。

【产地与习性】 主要分布于我国华南地区，现各地普遍栽培。中性，喜光，耐半阴；喜温暖湿润和阳光充足环境，较耐寒，耐干旱；喜疏松肥沃和排水良好的砂壤土；萌芽力强，耐修剪；生长缓慢，抗污染，寿命长。

【繁殖栽培】 主要用扦插和压条繁殖。

【园林应用】 雀舌黄杨枝叶繁茂，叶形别致，四季常青，常用于绿篱、花坛和盆栽，也可修剪成各种形状，是点缀小庭院和密植成各种字体图案的好材料。

枝叶

绿篱

瓜子黄杨

【学名】 *Buxus sinica* (Rehd. et Wils.) Cheng

【别名】 黄杨、小叶黄杨

【科属】 黄杨科 · 黄杨属

【识别特征】 常绿灌木或小乔木；树皮淡灰褐色，鳞片状剥落。单叶对生，厚革质，倒卵形或椭圆形，先端圆或微凹，基部楔形，全缘，因近似南瓜子而得名；表面暗绿色，背面黄绿色，叶柄及叶背中脉基部有毛。花期 4 月，花簇生于叶腋或枝顶；果期 7 月，蒴果球形，背裂，熟时紫黄色，种子黑色，有光泽。

【产地与习性】 分布于我国华北、华东、华南及西南地区，栽培历史悠久。中性，喜光，稍耐阴；喜温暖，在荫蔽湿润条件下生长良好；喜疏松肥沃的砂壤土，耐碱性较强；萌芽力强，耐修剪；生长缓慢，寿命长。

【繁殖栽培】常用播种或扦插繁殖。

【园林应用】瓜子黄杨枝叶茂盛,四季常绿,一般用作绿篱或修剪成球形,也可植于疏林下或林缘,并可与红花檵木、金边冬青卫矛等灌木组成色块。因其对多种有毒气体抗性强,并能净化空气,是厂矿绿化的好树种。

叶子

树形

红背桂

红背桂

【学名】*Excoecaria cochinchinensis* Lour.

【别名】红背桂花

【科属】大戟科·海漆属

【识别特征】常绿灌木,高约1 m;枝无毛,具多数皮孔。叶对生,纸质,叶片狭椭圆形或长圆形,边缘有疏细齿,两面均无毛,腹面绿色,背面紫红色。花单性,雌雄异株,聚集成腋生或稀兼有顶生的总状花序,蒴果球形,种子近球形,花期几乎全年。

【产地与习性】产于广西南部;亚洲东南部各地有分布。我国南方及西南各省区有栽培。喜温暖环境,又怕阳光曝晒,耐半阴。喜疏松肥沃的酸性腐殖土,不耐旱,忌涝,极不耐碱,要求通风良好的环境。

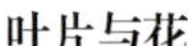

叶片与花

叶片

【繁殖栽培】主要通过扦插进行繁殖。

【园林应用】红背桂花株型优美，枝叶茂密，清新秀丽，极具观赏价值，常用于庭院、公园、居住小区、校园、办公区、草坪、林缘等处绿化。

八角金盘

八角金盘

【学名】*Fatsia japonica*(Thunb.) Decne. et Planch.

【别名】金盘八角

【科属】五加科・八角金盘属

【识别特征】常绿灌木，常数杆丛生。叶大，掌状，5～9 深裂，基部心形或楔形，革质有光泽，边缘有锯齿或波状。10—11 月开花，白色，伞形花序集成圆锥花序，顶生；翌年 4 月果熟，浆果近球形，紫黑色，外被白粉。

【产地与习性】原产于日本；现我国长江流域以南地区普遍栽植应用。阴性，极耐阴；喜温暖湿润环境，不甚耐寒；较耐湿，忌干旱，畏酷热和强光暴晒，在荫蔽的环境和湿润的土壤中生长良好；萌蘖性强。

【繁殖栽培】常用播种或扦插法繁殖。

【园林应用】八角金盘叶形大而奇特，是优良的观叶植物，适宜配置于庭前、门旁、窗边、墙隅、立交桥下或片植作疏林的下层植被；北方常盆栽，供室内绿化观赏；对二氧化硫抗性较强，也是厂矿、街道绿化的好材料。

树形

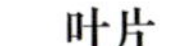

叶片

熟果

幼果

熊掌木

【学名】× *Fatshedera lizei*（Hort. ex Cochet）Guillaumin

【别名】五角金盘

【科属】五加科·熊掌木属

【识别特征】熊掌木为法国植物学家于1912年用八角金盘 *Fatsia japonica* 与常春藤 *Hedera helix* 杂交培育而成。常绿半蔓性植物，高可达1 m以上；茎初生时呈草质，后渐转木质化。单叶互生，掌状5裂，叶端渐尖，叶基心形，全缘；新叶密被毛茸，老叶浓绿而光滑。成年植株在秋季开淡绿色小花。

【产地与习性】杂交品种，在法国培育而成；现我国长江流域以南地区广为栽培。阴性，耐阴性强，遇强光直射叶片易黄化；喜温暖和冷凉环境，忌高温，有一定的耐寒力；喜较高的空气湿度，若气温过热，枝条下部叶片易脱落；栽培用土以腐叶土或腐殖质壤土为宜。

【繁殖栽培】常用扦插繁殖，春、秋季为适期。

【园林应用】熊掌木叶形奇特美观，叶色四季青翠，且具极强的耐阴能力，适宜在树林下、立交桥下、房前屋后荫蔽处列植、丛植或片植，绿化效果甚好。

叶片

果枝

夹竹桃

夹竹桃

【学名】*Nerium oleander* L.

【别名】红花夹竹桃

【科属】夹竹桃科·夹竹桃属

【识别特征】常绿大型灌木，高3~5 m。树冠开展，树皮灰色，光滑，嫩枝青绿色。叶厚革质，窄披针形，先端锐尖，基部楔形，似竹叶。5—10月花开不断，聚伞花序顶生，粉红色或白色；蓇葖果矩圆形，种子顶端具黄褐色种毛。

【产地与习性】原产于伊朗、印度、尼泊尔，现广植于世界亚热带地区；我国长江以南地区普遍栽植，北方栽培需在温室越冬。阳性，喜光，稍耐阴；喜温暖湿润气候，畏严寒；适应性很强，既耐干旱瘠薄，又耐水湿与盐碱；抗烟尘与二氧化硫、氯气等有害气体，病虫害少。

【繁殖栽培】以扦插、压条繁殖为主,也可用水插,尤易生根。

【园林应用】夹竹桃枝叶繁茂,四季常青,花期很长,是林缘、墙角、河边、道旁绿化的常用树种,常丛植于公园、庭院、街头绿地以及列植于河道、公路、铁路两旁;因其耐烟尘、抗污染,也常用于工矿厂区的绿化。因其茎、叶、花有微毒,在修剪、扦插时要稍加注意。

花枝

树形

花枝

花

小蜡

小蜡

【学名】*Ligustrum sinense* Lour.

【别名】水蜡树

【科属】木犀科·女贞属

【识别特征】半常绿灌木,高 2~5 m。枝密生短柔毛;叶对生,薄革质,椭圆形至椭圆状矩圆形,叶背特别是延中脉有短柔毛。圆锥花序顶生,花白色,花梗 1~3 mm,花期 5—6 月;浆果状核果近圆状,10 月成熟。

【产地与习性】分布于我国长江以南各省区。中性,喜光,稍耐阴,较耐寒;对土壤湿度较敏感,干燥瘠薄地生长不良;生长快,萌芽力强,耐修剪。

【繁殖栽培】常用播种、扦插繁殖。

【园林应用】小蜡的用途与小叶女贞相似,主要作绿篱、色块栽植;在规则式园林中常修剪成各种几何形体;其干老根古,虬曲多姿,宜作树桩盆景。

叶片

花

小叶女贞

【学名】*Ligustrum quihoui* Carr.

【别名】小白蜡树

【科属】木犀科·女贞属

【识别特征】常绿或半常绿灌木,高 3 ~ 5 m。枝条铺散,淡棕色,幼枝密被微柔毛,后脱落。叶对生,薄革质,椭圆形至倒卵状长圆形,全缘,边缘略向外反卷,上面深绿色,下面淡绿色,两面无毛。花期 5—6 月,圆锥花序顶生,花白色,花梗长不及 2 mm,有芳香;果期 10—11 月,浆果状核果宽椭圆形,紫黑色。

【产地与习性】分布于我国长江流域以南各省区。中性,喜光,稍耐阴;喜温暖湿润气候,耐寒性强;深根性,须根发达,耐干旱瘠薄,又耐水湿;抗多种有毒气体;生长快,萌芽力强,耐修剪。

【繁殖栽培】常用播种、扦插繁殖。

【园林应用】小叶女贞枝叶紧密,树冠圆整,生命力强,耐修剪造型。主要作绿篱、色块栽植,也可修剪成球形或仿造各种动物形态供游人观赏;其对二氧化硫等有毒气体抗性强,可在大气污染严重地区栽植。

花序

树形

金叶女贞

【学名】*Ligustrum* × *vicaryi* Rehder

【科属】木犀科·女贞属

【识别特征】半常绿灌木,高 3 ~5 m。枝灰褐色;单叶对生,薄革质,长椭圆形,端渐尖,基部圆形或阔楔形,全株无毛,新叶鲜黄色,后变为黄绿色。花冠管状,裂片短于冠筒。为金边卵叶女贞与欧洲女贞的杂交种。5—6 月开小白花,10 月果熟,紫黑色。

【产地与习性】1983 年由北京园林科研所从德国引进,现全国各地广泛栽培。阳性,喜光;适应性强,耐寒,抗干旱,病虫害少;萌芽力强,速生,耐修剪;在强修剪的情况下,整个生长期都能不断萌生新梢。

【繁殖栽培】采用播种、扦插繁殖。

【园林应用】金叶女贞在生长季节叶色呈鲜丽的金黄色,可与红叶、绿叶灌木组成色块,形成强烈的色彩对比,具极佳的观赏效果;也可作绿篱栽植或修剪成球形观赏。

叶片与花序

果实

金森女贞

【学名】*Ligustrum japonicum* ‘Howardii’

【别名】日本女贞

【科属】木犀科·女贞属

【识别特征】常绿灌木,高 2 ~3 m。枝叶稠密,节间短;叶革质,厚实,有肉感;春季新叶鲜黄色,冬季转为褐黄色。花期 5—6 月,小花奶白色,具浓香。10 月果熟,呈紫色。

【产地与习性】原种分布于日本关东以西及我国台湾,现我国华北以南地区普遍栽植。中性,喜光又耐阴;适应性强,既耐高温又耐寒;抗干旱,病虫害少;萌蘖、萌芽力均强,耐修剪整形。

【繁殖栽培】主要采用扦插繁殖。

【园林应用】金森女贞可作界定空间、遮挡视线的园林外围绿篱,也可植于墙边、林缘等半阴处,遮挡建筑基础,丰富林缘景观的层次。

花序

叶片

云南黄素馨

云南黄素馨

花

【学名】*Jasminum mesnyi* Hance
【别名】野迎春
【科属】木犀科 · 素馨属
【识别特征】常绿灌木，枝条下垂，小枝四棱形，光滑无毛。叶对生，3 复叶或小枝基部具单叶，小叶片长卵形或长卵状披针形，先端钝或圆，侧生小叶片较小。花单生于叶腋，花叶同放；花萼、花冠裂片 6 ~ 8，钟状，花冠黄色，漏斗状，果椭圆形，11 月至翌年 8 月开花，3—5 月结果。
【产地与习性】分布于我国四川西南部、贵州、云南，国内各地均有栽培。生长在海拔 500 ~ 2 600 m 的峡谷、林中。喜温暖湿润和充足阳光，怕严寒和积水，稍耐阴，以排水良好、肥沃的酸性砂壤土最好。

小枝条

树形

【繁殖栽培】主要采用扦插繁殖。

【园林应用】野迎春生性粗放,适应性强,易于栽培,花明黄色,早春盛开,碧叶黄花,是受人们喜爱的观赏植物。

六月雪

六月雪

【学名】*Serissa japonica* (Thunb.) Thunb.

【别名】满天星、白马骨

【科属】茜草科·白马骨属

【识别特征】常绿小灌木,高不足 1 m,分枝多而稠密。叶小,对生,薄革质,狭椭圆状披针形,托叶宿存呈针刺。花朵小,近白色,花冠筒比萼裂片长,单生或数朵簇生于小枝顶部,花冠漏斗状。花期 5—7 月。

金边六月雪

常见的栽培品种:

金边六月雪 cv. *Aureomarginata* 叶缘金黄色或淡黄色。

重瓣六月雪 cv. *Pleniflora* 花重瓣,白色。

粉花六月雪 cv. *Rubescens* 花粉红色,单瓣。

金边六月雪

六月雪花

【产地与习性】原产于河南、安徽、江苏、浙江、福建、江西、湖北、湖南、贵州、云南、四川等地;日本、越南、尼泊尔也有分布,常作绿篱或盆景。中性,喜光,耐半阴;喜温暖湿润环境,不甚耐寒;适应性强,耐干旱贫瘠土壤;萌芽、萌蘖力均强,耐修剪整形。

【繁殖栽培】常用扦插或分株繁殖。

【园林应用】六月雪初夏繁花点点,一片白色,并至秋天开花不断;适应性强,可丛植或群植于林下、河边、墙旁,也可作花径、花境、花篱及下木配植。老桩古雅多姿,可制作为盆景欣赏;小苗经造型扎成微型盆景,也很别致。

栀子

栀子

【学名】*Gardenia jasminoides* Ellis.

【别名】黄栀子

【科属】茜草科·栀子属

【识别特征】常绿灌木,高可达3 m。叶长圆状椭圆形,先端渐尖,色深绿,有光泽。花期5—6月,白色,芳香,茎5~7 cm,重瓣,单生于枝顶。果有纵棱5~9,萼宿存,熟食橙黄色,果可入药。

栀子花片植

栀子花

同属常用栽培品种:

小叶栀子 *Gardenia jasminoides*'Radicans'又名雀舌栀子,匍匐状多分支小灌木,株型低矮,枝平卧伸展,叶小而狭长,花重瓣。

小叶栀子

小叶栀子花

【产地与习性】产于我国长江流域以南各省区;日本、朝鲜、越南、老挝、柬埔寨也有分布。中性,喜光,耐半阴,忌曝晒;喜温暖湿润环境,不甚耐寒;喜肥沃、排水良好的酸性土壤,在碱性土栽植易黄化;萌蘖力强,耐修剪更新。

【繁殖栽培】常用扦插、压条繁殖。

【园林应用】栀子花终年常绿,花开时节花朵如积雪,人行其间,芳香扑鼻,绿化、美化、香化效果甚佳;且有较强的抗有害气体及吸滞粉尘的能力,是城市绿化的优良树种。可用于庭园、池畔、阶前、路旁孤植或丛植,也可列植作花篱、片植成色块。

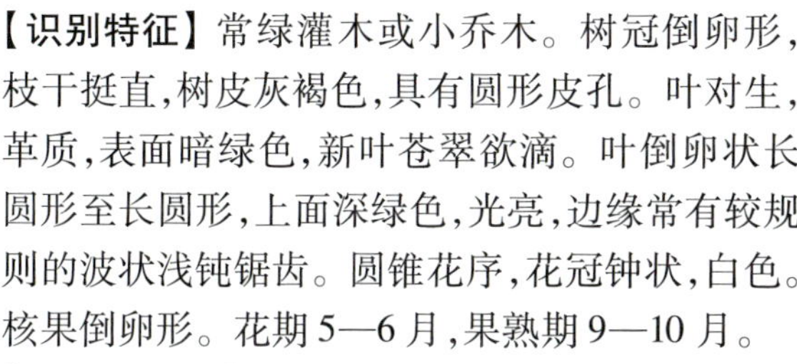

日本珊瑚树

日本珊瑚树

【学名】*Viburnum awabuki* K. Koch

【别名】珊瑚树、法国冬青

【科属】忍冬科·荚蒾属

【识别特征】常绿灌木或小乔木。树冠倒卵形，枝干挺直，树皮灰褐色，具有圆形皮孔。叶对生，革质，表面暗绿色，新叶苍翠欲滴。叶倒卵状长圆形至长圆形，上面深绿色，光亮，边缘常有较规则的波状浅钝锯齿。圆锥花序，花冠钟状，白色。核果倒卵形。花期5—6月，果熟期9—10月。

高绿篱

【产地与习性】产于我国浙江、台湾；日本、朝鲜半岛南部有分布。长江流域各地常见栽培。喜温暖湿润性气候，喜光耐阴。对煤烟和有毒气体具有较强的抗性和吸收能力，尤其适合于城市作绿篱或园景丛植。

【繁殖栽培】主要通过扦插、播种等方法进行繁殖。

【园林应用】叶片常年苍翠欲滴，适合在城市中作绿篱、绿墙或园景丛植，是机场、高速路、居民区绿化、厂区绿化、防护林带、庭院绿化的优选树种。

小乔木状

枝叶

果

花

巴西野牡丹

【学名】*Tibouchina semidecandra* (Mart. & Schrank ex DC.) Cogn.

【别名】巴西蒂牡花

【科属】野牡丹科·蒂牡花属

【识别特征】常绿灌木,高 0.6 ~ 1.5 m。茎四棱形,分枝多,枝条红褐色,株形紧凑美观;茎、枝几乎无毛。叶革质,披针状卵形,顶端渐尖,基部楔形,长 3 ~ 7 cm,全缘,叶表面光滑,无毛,5 基出脉,背面被细柔毛,基出脉隆起。伞形花序着生于分枝顶端,近头状,有花 3 ~ 5 朵;花瓣 5 枚;花瓣紫色,雌蕊明显比雄蕊伸长膨大。蒴果坛状球形。花多且密,几乎周年可以开花,8 月始进入盛花期,一直到第二年 4 月。

【产地与习性】原产于巴西低海拔山区及平地;我国广东、海南、重庆等多地有引种栽培。喜阳光充足、温暖、湿润的气候;对土壤要求不高,喜微酸性的土壤。具有较强的耐阴及耐寒能力,在半阴的环境下生长良好。冬季能耐一定的霜冻和低温。温度持续在 2 ~ 8 ℃约 1 周,叶缘和叶尖会出现轻微的变红或褐红色的斑点,天气回暖又重新恢复绿色并抽生新芽、新叶。

【繁殖栽培】主要通过扦插进行繁殖。

【园林应用】巴西野牡丹花大、多且密,花为紫色、娇艳美丽。株型美观,枝繁叶茂,叶片翠绿,一年四季皆有花。栽培管理简单、繁殖容易、适应性强,为不可多得的优良观叶、观花园林绿化植物材料,很适宜在城市园林绿地中应用。

片植

花与叶片

3.2.2 落叶灌木

紫玉兰

花

紫玉兰

【学名】*Magnolia liliflora* Desr.

【别名】辛夷

【科属】木兰科·木兰属

【识别特征】落叶灌木或小乔木,高 3 ~ 5 m。树皮灰褐色,小枝紫褐色,有环状托叶痕;顶芽卵形,被淡黄绢毛。单叶互生,宽椭圆形,先端渐尖,基部楔形,全缘,幼时表面疏生短柔毛,背面沿叶脉有短柔毛。花期3—4月,先叶开放,花被片9~12,外轮3片萼片状,早落;内两轮肉质,外面紫色,内面白色;果期8—9月,聚合果圆柱形,淡褐色。

【产地与习性】原产于湖北、四川、湖北,现长江流域以南各地广为栽培;在古代就已传入朝鲜、日本,18世纪末传入欧洲。阳性,喜光,不耐严寒;喜肥沃湿润、排水良好的土壤,不耐盐碱;肉质根,忌水湿;根系发达,萌蘖力强。

【繁殖栽培】常用播种、分株或压条繁殖,扦插成活率较低。

【园林应用】紫玉兰栽培历史悠久,早春开花,花大、色美、味香,为传统名贵花木之一。适宜配置于庭前屋后、墙隅路角、窗前及门厅两旁,艳丽多姿,春意盎然;或丛植于草坪、林缘,作观花主体,配以常绿小灌丛与地被植物,则高低错落有致,景观层次分明。

树形

花与叶

蜡梅

【学名】*Chimonanthus praecox*(L.)Link.

【别名】腊梅、黄梅花

【科属】蜡梅科·蜡梅属

【识别特征】落叶灌木,高3~5m。老枝灰褐色,近圆柱形。单叶对生,叶卵状椭圆形或卵状披针形,边缘具细齿状硬毛。基部圆形或楔形,表面粗糙,背面光滑无毛,全缘。花期11月至翌年3月,先叶开放,花两性,单生,具浓郁香味,金黄色;果期4—11月。

花

【产地与习性】产于陕西、河北、河南、山东、江苏、安徽、浙江、福建、江西、广东、湖南、湖北、贵州及四川,黄河及长江流域以南各地广为栽培。阳性,喜光,稍耐阴;喜温暖气候,也较耐寒;耐旱性强,怕风,忌水涝,宜植于避风向阳之处;喜疏松肥沃、排水良好的中性或微酸性砂质壤土,忌黏土与碱土;发枝力强,耐修剪;病虫害少,但对有毒气体的抗性较弱;寿命较长,可达百年以上。

【繁殖栽培】以嫁接为主,亦可分株或播种繁殖。

【园林应用】蜡梅在严冬冲寒吐秀,气傲冰雪,且芬芳远溢,为我国特有的珍贵观赏花木。在园林中常孤植于窗前屋后,对植于建筑物入口处两侧,丛植于亭周、墙隅、水畔、路旁及草坪边缘;若与南天竹、茶梅相配,冬季红果、黄花、绿叶交相辉映,更具中国园林的特色。蜡梅也可切花瓶插或盆栽制作盆景,供室内观赏。

叶片

果实

牡丹

花

【学名】*Paeonia suffruticosa* Andr.

【别名】富贵花、洛阳花、木芍药

【科属】芍药科 · 芍药属

【识别特征】落叶灌木,高可达 2 m,根肉质。叶互生,二回三出羽状复叶;小叶卵形或披针形,顶生小叶上部 3 浅裂,侧生小叶斜卵形;叶表面绿色,背面淡绿色,有白粉。花期 4—5 月,花大,直径 10 ~ 20 cm,单生枝顶;有红、粉红、黄、绿、紫、白等色,有单瓣、重瓣及台阁等类型。蓇葖果卵形,先端尖,密被黄褐色毛;果期 9 月,种子褐色或紫黑色。

【产地与习性】原产于我国陕西、甘肃一带,在我国已有 2 000 余年的栽培历史,以河南(洛阳)、山东(菏泽)、安徽(铜陵,亳州)、浙江(东阳、临安、余姚)、四川(渠县、中江)及重庆(垫江)的品种最为著名。牡丹对气候要求比较严格,喜温暖、干凉、阳光充足及通风良好的独特环境;分蘖力强,易分株繁殖;开花期若适当遮阴可延长花期,并使花色艳丽。

【繁殖栽培】可用分株、嫁接或播种繁殖。

【园林应用】牡丹为我国传统名贵花木,有花中之王的美誉,栽培品种多,根入药,称丹皮。牡丹株形端庄,枝叶秀丽,花姿典雅,且具芳香,远在唐代就已赢得“国色天香”之赞誉。牡丹在庭园中常植于花台之上,或在山石旁、树周围分层栽植,或与草花相配合,构成以牡丹为主景的园中之园。牡丹也可作为盆栽装点室内外环境。

枝叶

果实

木芙蓉

【学名】*Hibiscus mutabilis* Linn.

【别名】芙蓉花

【科属】锦葵科 · 木槿属

木芙蓉

花枝

【识别特征】落叶灌木或小乔木，高 2 ~5 m。单叶互生，叶大，广卵形，5 ~7 掌状分裂，基部心形，边缘具钝锯齿，两面具星状毛。花期 7—11 月，花大，单生于枝端叶腋，单瓣或重瓣，花冠初开白色或粉红色，后变为深红色。蒴果扁球形，果期 12 月；种子肾形，有长毛，易于飞散。

【产地与习性】原产于我国湖南，黄河流域至华南均有栽培，尤以四川成都一带为盛，故成都有“蓉城”之称。喜光，略耐阴；喜温暖、湿润环境，不耐寒；对土壤要求不高，瘠薄土地也可生长，既耐干旱，又耐水湿。

【繁殖栽培】以扦插为主，也可分株、压条或播种繁殖。

【园林应用】木芙蓉夏秋季开花，花大色丽，自古以来多在庭园栽植，可孤植、丛植于墙边、路旁、坡地等处，特别宜于配植池边、湖畔。对二氧化硫抗性特强，对氟气、氯化氢气体有一定抗性，可用于有污染的工厂绿化，既美化环境又净化空气。

树形

叶片

木槿

木槿

花

【学名】*Hibiscus syriacus* Linn.

【别名】木锦、荆条

【科属】锦葵科·木槿属

【识别特征】落叶灌木，高 3 ~ 5 m。分枝多，稍披散，小枝幼时密被绒毛。叶互生，卵形或菱状卵形，有 3 ~ 5 基脉。7—11 月开花，花单生于叶腋，花瓣钟形，单瓣或重瓣，有紫、粉红、白等色。蒴果长圆形，被绒毛，种子褐色。

【产地与习性】原产于我国中部，各地广泛栽培，尤以长江流域为多。中性，喜光，稍耐阴；喜温暖、湿润环境，也较耐寒；喜水湿，又耐干旱，耐贫瘠土壤；萌芽力强，耐修剪，抗烟尘和有害气体的能力较强。

【繁殖栽培】可用播种、扦插、压条等法繁殖，而以扦插为主。

【园林应用】木槿花色素雅，且开花长达百余日，是夏季开花的主要树种之一，可孤植、丛植，也可用作花篱材料；对二氧化硫、氯气等有害气体抗性很强，又有滞尘功能，可作有污染的工厂和街坊的绿化树种。海滨木槿原产于沿海地区，故适宜于沙地、海涂、盐碱地的绿化。

树形

花枝

绣球

【学名】*Hydrangea macrophylla* (Thunb.) Ser.

【别名】八仙花、大叶绣球、草绣球

【科属】绣球花科·绣球属

【识别特征】落叶或半常绿半灌木，高 1 ~ 2 m。小枝粗壮，皮孔明显。单叶对生，叶大而稍厚，椭圆形至卵形，长 7 ~ 15 cm，具粗锯齿，叶柄粗壮。花两性，伞房状聚伞花序近球形或头状，不育花多数，直径 10 ~ 20 cm；萼片 4，粉红、淡蓝或白色；可孕性花极少，雄蕊 10，花柱 3，花期 6—8 月。

花

【产地与习性】产于福建、江西、湖北、湖南、广东、香港、贵州、云南、四川;日本、朝鲜有分布。中性,喜光又耐阴,忌强光直射;喜温暖气候,不甚耐寒;宜腐殖质丰富、湿润而又排水良好的土壤,不耐干旱;喜酸性土,在碱性土中生长不良,枝叶发黄;萌蘖力强,易繁殖更新。

【繁殖栽培】可用分株、扦插或压条繁殖。

【园林应用】绣球花碧叶清雅柔和,繁花聚集如球,花色或红或蓝,艳丽可爱。宜丛植于林缘或门庭入口处,群植于乔木之下,或列植成花篱、花镜;因其对有毒气体有一定的抗性,也可用于工厂绿化;盆栽可供室内欣赏。

叶片

花

粉花绣线菊

【学名】*Spiraea japonica* L. f.

【别名】光叶绣线菊

【科属】蔷薇科·绣线菊属

【识别特征】落叶直立灌木,叶卵形至卵状椭圆形,叶背有白霜或色较浅,通常沿叶脉有短毛,边缘具缺刻状重锯齿。花期6—7月,复伞房花的生于当年生直立新枝顶端,花粉红或淡紫色。果期8—9月,蓇葖果半张开,卵状椭圆形。

【产地与习性】原产于日本和朝鲜半岛,现华北以南地区普遍栽培。中性,喜光,稍耐阴;喜温暖气候,也耐寒;在湿润肥沃土壤生长旺盛,也耐贫瘠;分蘖力强,繁殖容易。

丛植

花

【繁殖栽培】采用播种、扦插和分株繁殖。

【园林应用】粉花绣线菊为常用地被类观赏花木，可布置花坛、花镜，配置于山石、草坪及小路角隅等处，也可在门庭两侧种植或配置花篱。

贴梗海棠

花

【学名】*Chaenomeles speciosa* (Sweet) Nakai

【别名】皱皮木瓜、贴梗木瓜

贴梗海棠

【科属】蔷薇科·木瓜属

【识别特征】落叶灌木，高约2 m；有枝刺，小枝平滑，二年生枝无疣状突起。单叶互生，卵形或长椭圆形，托叶肾形或半圆形。花期3—4月，花单生或数朵簇生于二年生枝上，先叶开放，花梗极短似无，贴枝而生；花瓣鲜红色，花柱无毛或稍有毛。果径5～8 cm，果实卵形，果梗短或近无梗；果期9—10月，黄色或黄绿色，有香味。

【产地与习性】产于我国甘肃、四川、贵州、云南、广东；缅甸有分布。各地有栽培。阳性，喜光，稍耐阴；对温度反应很敏感，耐寒力较强，在华北地区能露地过冬；对土壤要求不严，耐旱忌湿，耐轻度盐碱。

【繁殖栽培】采用扦插、分株和压条繁殖。

【园林应用】贴梗海棠早春开花，花色艳丽，烂漫如锦，黄果大而芳香，是一种很好的观花、观果树种。适宜于庭院墙隅、草坪边缘、树丛周围、池畔溪旁丛植，也可在常绿灌木前植成花篱、花丛；其老桩还可制作成树桩盆景。

棣棠

棣棠

【学名】*Kerria japonica* (Linn.) DC.

【别名】棣棠花、地棠、黄榆叶梅

【科属】蔷薇科·棣棠属

【识别特征】落叶丛生灌木，小枝细长，绿色，拱弯。单叶互生，有重锯齿，托叶早落；叶片卵形至卵状椭圆形，先端渐尖。花两性，单生于当年生侧枝顶端，花瓣5，黄色，盛花期3—5月，少数开至10月。雄蕊多数，心皮1～8，离生；瘦果生扁平的花托上，8—9月成熟，黑色。

树形

重瓣棣棠花枝

常见同属栽培品种：

重瓣棣棠花 *Kerria japonica* f. *pleniflora*（Witte）Rehd. 花重瓣，一般不结实。

【产地与习性】主产于我国华东、华中、西南及西北地区；日本有分布。庭园中常见栽培。中性，喜光又耐阴；喜温暖湿润气候，耐寒性较差；对土壤要求不严，较耐湿；根萌蘖力强，能自然更新。

【繁殖栽培】以分株、扦插繁殖为主，播种次之。

【园林应用】棣棠柔枝下垂，叶色青翠，金花朵朵，为枝、叶、花俱美的观赏花木。宜作花篱、花径栽植，或配植于草坪、山坡、树丛边缘、溪流湖岸、山石之间，则野趣盎然；剪取花枝可供瓶插。

月季

月季

【学名】*Rosa chinensis* Jacq.

【别名】月月红

【科属】蔷薇科·蔷薇属

花

【识别特征】落叶或半落叶灌木，枝干直立。小枝具短而粗的钩状皮刺或无刺，幼枝青绿色，老枝灰褐色。奇数羽状复叶，互生，叶片光滑，有光泽，先端渐尖，缘具尖锯齿。花期4—10月，花瓣重瓣至半重瓣，红色、粉色或白色，具微香，花柱离生。蔷薇果梨形或倒卵形，种熟期9—12月。

【产地与习性】原产于我国，是现代月季的主要亲本之一，现世界各地均有栽培，现代月季栽培品种已达2万多种。阳性，喜阳光充足、空气流动的环境，忌荫蔽；生长最适温度为白天15～26 ℃，夜间10～15 ℃，低于5 ℃时休眠，持续高于30 ℃时半休眠；喜肥沃、疏松和微酸性土壤，开花时段应充分供水，保持土壤湿润。

【繁殖栽培】多用扦插或嫁接法繁殖。

【园林应用】月季品种丰富，花色多样，色彩艳丽，且花期很长，为全球重要观赏花卉之一，是花坛、花镜、花带、花篱栽植的优良材料。在庭园、草坪、园路角隅、假山等处配植也很合适，还可作盆栽及切花用。

片植

花

玫瑰

玫瑰

【学名】*Rosa rugosa* Thunb.

【别名】刺玫、红玫瑰

【科属】蔷薇科 · 蔷薇属

【识别特征】直立灌木,高可达 2 m;小枝密被绒毛,并有直立或弯曲、淡黄色的皮刺,皮刺外被绒毛。小叶 5 ~ 9,小叶片椭圆形或椭圆状倒卵形,网状叶脉下陷使叶面有褶皱,网脉明显;叶柄和叶轴密被绒毛和腺毛;花单生于叶腋,或数朵簇生,重瓣至半重瓣,芳香,紫红色,直径 6 ~ 8 cm;果扁球形,萼片宿存。花期 5—6 月,果期 8—9 月。

玫瑰

玫瑰

【产地与习性】产于辽宁南部及山东东部沿海地区;日本及朝鲜半岛北部有分布。现各地普遍栽培。阳性植物,日照充分则花色浓、香味亦浓。生长季节日照少于 8 h 则徒长而不开花。耐寒、耐旱,喜排水良好、疏松肥沃的壤土或轻壤土,在黏壤土中生长不良,开花不佳。宜栽植在通风良好、离墙壁较远的地方,以防日光反射,灼伤花苞,影响开花。

【繁殖栽培】可用播种、扦插、嫁接、压条、分株等方法进行繁殖。

【园林应用】玫瑰色彩艳丽,花期长,为重要的观赏花卉,是花坛、花镜、花带、花篱的优良材料,也是重要的笑料植物和药用植物。在庭园、草坪、公园、假山等处配植也很合适,还可作盆栽用。

郁李

【学名】*Cerasus japonica* (Thunb.) Lois.

【别名】赤李子

【科属】蔷薇科 · 樱属

【识别特征】落叶灌木,高约 2 m。枝干常簇生成丛,小枝纤细,弯曲而接近地面。单叶互生,叶卵形或卵状披针形,先端长尖,缘有锐重锯齿,入秋叶转紫红色。花期 3—5 月,花单生或 1 ~ 3 朵簇生,花叶同放或先叶开放,花瓣白色或粉红色,花柱无毛。核果球形,果期 6—7 月,深红色。

【产地与习性】产于我国中部各省区;日本、朝鲜也有分布。阳性,喜光,耐寒;对土壤要求不严,唯石灰岩山地生长最盛,耐旱;萌蘖力强,易繁殖更新;不畏烟尘,抗性较强。

【繁殖栽培】采用播种、扦插或分株繁殖。

【园林应用】郁李桃红色宝石般的花蕾,繁密如云的花朵,深红色的果实,都非常美丽可爱,是园林中重要的观花、观果树种。宜丛植于草坪、山石旁、林缘、建筑物前,或点缀于庭院路边,或与棣棠、迎春等其他花木配植,也可作花篱、花镜栽植。

花

花

结香

【学名】*Edgelvorthia chrysanthal* Lindl.

【别名】黄瑞香、打结花

【科属】瑞香科·结香属

【识别特征】落叶丛生灌木,高 2 ~3 m。枝条粗壮柔软,常三叉分枝,棕红色;叶互生,长椭圆形至倒披针形,先端急尖,基部楔形并下延,表面疏生柔毛,背面被长硬毛,具短柄,常簇生枝端,全缘。花期 12 月下旬至翌年 3 月,先叶开放,假头状花序,花被筒状,淡黄色,具浓香;果期 6—7 月,核果卵形,通常包于花被基部,状如蜂窝。

【产地与习性】原产于我国,北自河南、陕西,南至长江流域以南各省区均有分布。为暖温带植物,喜光耐半阴;喜温暖气候,耐寒性也强;根肉质,忌积水,宜排水良好的肥沃土壤;基部萌蘖力强,但上部不耐修剪。

树形

花

茎

叶

【繁殖栽培】 常用扦插或分株繁殖。

【园林应用】 结香姿态优雅，花多成簇，芳香浓郁，枝条柔软，弯之可打结而不断，常整成各种形状，十分惹人喜爱。适宜孤植、列植、丛植于庭前、路旁、水边、墙隅，或点缀于假山岩石之间；北方多盆栽，曲枝造型观赏。

紫荆

【学名】 *Cercis chinensis* Bunge

【别名】 满条红、满堂红、紫荆木

【科属】 豆科 · 紫荆属

【识别特征】 落叶灌木，高 3 ~ 5 m。幼枝光滑、暗灰色，老时粗糙。单叶互生，叶两面无毛，近圆形，先端稍尖，基部心形，全缘；掌状脉五出。花期 3—4 月，4 ~ 10 朵簇生于两年生以上的枝条和树干上，花冠假蝶形，紫红色。荚果扁平，腹缝具窄翅，种子 9 月成熟。

叶片与果实

树形

【产地与习性】 产于我国黄河流域以南地区，遍及华北、西北、华中、华东、华南至西南省区，各地庭院普遍栽培。为温带及亚热带树种，阳性，喜光，稍耐阴，较耐寒；土壤适应性较强，耐干旱，但

不耐水湿;萌芽力强,耐修剪;对有毒气体有一定的抗性。

【繁殖栽培】以播种为主,也可用分株、扦插、压条等法繁殖。

【园林应用】紫荆先花后叶,常丛植于草坪边缘、建筑物旁、园路角隅或树林边缘。因开花时尚未发叶,故宜以常绿松柏为背景或植于浅色的物体前面,如白粉墙之前或岩石旁。对氯气等有一定抗性,滞尘能力较强,也可用于城市绿地及工厂绿化。

花

列植

双荚决明

双荚决明

【学名】*Senna bicapsularis* (L.) Roxb.

【科属】豆科·决明属

【识别特征】落叶灌木,一回羽状复叶,小叶 3 ~ 4 对倒卵形或倒卵状长圆形,顶端圆钝,在最下方的一对小叶间有腺体 1 枚。总状花序生于枝条顶端的叶腋间,集成伞房花序状,花鲜黄色,雄蕊 10 枚,7 枚能育,3 枚退化而无花药,花药孔裂。荚果,花期几全年。

【产地与习性】原产于美洲热带地区;台湾、福建、广东、广西、云南、四川、重庆等地广为栽培。双荚决明喜光,耐寒,耐干旱瘠薄的土壤,有较强的抗风和防尘、防烟雾的能力,尤其适应在肥力中等的微酸性土壤或砖红壤中生长。

【繁殖栽培】多以播种、扦插法繁殖。

花枝

花与果实

【园林应用】双荚决明花期长,花色艳丽迷人,同时具有防尘、防烟雾的作用。其树姿优美,枝叶茂盛，夏秋季盛开的黄色花序布满枝头，是我国南方城乡行道和庭院的优良绿化树种。

花

果实

龙牙花

花也叶片

龙牙花

【学名】*Erythrina corallodendron* L.

【别名】象牙红

【科属】豆科·刺桐属

【识别特征】落叶灌木或小乔木，高 3 ~5 m。干和枝条散生皮刺。三出羽状复叶，小叶菱状卵形，两面无毛，有时叶柄上和下面中脉上有刺。总状花序腋生，花冠红色，花萼钟状，萼齿不明显，仅下面一枚稍突出；龙骨稍长于翼瓣，荚果。花期 6—11 月。

【产地与习性】原产于南美洲；我国南方庭院多栽培。喜阳光充足，能耐半阴。喜温暖，湿润，能耐高温高湿，也稍能耐寒。对土壤肥力要求不严，但喜湿润、疏松土壤，不耐干旱。干燥土和黏重土生长不良。

【繁殖栽培】多以播种、扦插法繁殖。

【园林应用】龙牙花是美丽的观赏植物。其叶扶疏，初夏开花，红色的总状花序好似一串红色月牙，适用于公园和庭院栽植。

鸡冠刺桐

【学名】*Erythrina cristagalli* Linn.

【别名】巴西刺桐、鸡冠豆

【科属】豆科·刺桐属

【识别特征】落叶灌木或小乔木，高 2 ~4 m。三出羽状复叶，小叶长卵形，羽状侧脉，革质。花期 5—8 月，腋生，总状花序，花冠橙红色，旗瓣倒卵形特化成匙状，与龙骨瓣等长，宽而直立，翼瓣发育不完全，余瓣几成一束，雄蕊花药黄色，裸露。荚果长 10 ~20 cm，内有种子 3 ~6 枚。

花与叶片

【产地与习性】原产于巴西，现世界各地广泛栽培。中性，喜光，稍耐阴；喜温暖气候，也较耐寒；适应性强，既耐干旱贫瘠，还能抗盐碱；对土壤要求不严，但排水良好的壤土或砂质壤土生长最佳。

【繁殖栽培】采用播种或扦插繁殖。

【园林应用】鸡冠刺桐适应性强，枝干苍劲古朴，树态优美，花形独特，花色艳丽，具有较高的观赏价值。在园林绿化中独具一格，孤植、丛植、群植于草坪上、道路旁，庭园中或与其他花木配植，显得鲜艳夺目，是公园、庭院、道路以及盐碱地绿化的优良树种。

迎春

【学名】*Jasminum nudiflorum* Lindl.

【别名】迎春花、金腰带

【科属】木犀科·素馨属

【识别特征】落叶灌木，枝条下垂，小枝四棱形、绿色、细长，棱上多少有窄翼。三出复叶对生，小叶卵形至矩圆形，全缘。花期2—4月，单生于去年叶腋，先叶而放，花冠鲜黄色，通常6裂。

花枝

树形

【产地与习性】分布于我国华北、西北至西南地区，世界各地普遍栽培。温带树种，阳性，喜光，略耐阴；适应性强，喜温暖、湿润环境，亦耐寒；对土壤的要求不严，耐干旱，稍耐盐碱，但怕涝；浅根性，萌芽、萌蘖力强，耐修剪。

【繁殖栽培】以扦插繁殖为主，也可压条和分株繁殖。

【园林应用】迎春开花早，花色金黄鲜艳，可与蜡梅、山茶、杜鹃共栽，构成新春佳景；与银芽柳、山桃同植，早报春光；种植于碧水萦回的柳树池畔，增添波光倒影，为山水生色。也可栽植于路旁、山坡、窗下、墙边，或作花篱密植，或作开花地被，观赏效果皆佳。

绣球荚蒾

【学名】*Viburnum macrocephalum* Fort.

【别名】大绣球、木绣球

【科属】忍冬科·荚蒾属

【识别特征】落叶或半落叶灌木，树冠球形，枝上密生星状毛。叶对生，卵形至长椭圆形，端钝，基部圆形，缘有细锯齿，背面疏生星状毛，侧脉6~8对，不达齿间。花期4—5月，球形状聚伞花序顶生，直径 10 ~ 20 cm，全为大的不育花，白色或绿白色，花冠辐射状，形似雪球。

【产地与习性】 园艺种，江苏、浙江、江西、河北等地常见栽培。中性，喜光，稍耐阴，耐寒；喜生于湿润、排水良好而富含腐殖质的土壤；萌芽力、萌蘖力均强。

花

花

【繁殖栽培】 以扦插为主，也可压条或用琼花作砧木嫁接繁殖。

【园林应用】 木本绣球枝条拱形，树形圆整，球状花序肥大，洁白如雪，且花期较长，为春末夏初优良的观花树种。宜丛植于草坪、林缘、路边、堤岸，或植于小径两侧，形成拱形通道，别有意趣。

琼花

花

【学名】 *Viburnum keteleeri Carrière*

【科属】 忍冬科 · 荚蒾属

【识别特征】 与绣球荚蒾的主要区别为边花为不育花，中央为两性能育花，长约 4 mm，花期 4 月。

【产地与习性】 产于河南、安徽、江苏、浙江、江西、湖北、湖南及贵州。庭园中多有栽培。喜温暖、湿润、阳光充足气候，喜光，稍耐阴，较耐寒，不耐干旱和积水。喜湿润、肥沃、排水良好的砂质壤土。

【繁殖栽培】 可用播种、嫁接、压条、扦插等方式繁殖。

【园林应用】 树姿优美，花形奇特，宛若群蝶起舞，逗人喜爱，秋季累累圆果，红艳夺目，为传统名贵花木。适宜配植于堂前、亭际、墙下和窗外等处。

叶片

果实

金银忍冬

金银忍冬

【学名】*Lonicera maackii* (Rupr.) Maxim.

【别名】金银木

【科属】忍冬科·忍冬属

【识别特征】落叶灌木,小枝髓心中空,幼枝、叶两面、叶柄、苞片、小苞片及萼檐外面均被柔毛和微腺毛。叶卵状椭圆形至披针形,先端渐尖。花期5—6月,花成对腋生,芳香,二唇形花冠,初开为白色,后变为金黄色,故得名"金银木"。浆果球形亮红色,果熟期9—10月。

【产地与习性】除高寒、沙漠地区外,我国各省区均产;日本、朝鲜及俄罗斯远东地区有分布中性。喜光,耐半阴,耐寒;适应性强,对土壤要求不严,耐干旱瘠薄;管理粗放,病虫害少。

【繁殖栽培】分布于我国东北、华北和长江流域以南各地。

【园林应用】金银忍冬花果并美,春末夏初层层开花,金银同辉,秋季红果缀满枝头,具有较高的观赏价值;花朵清雅芳香,引来蜂飞蝶绕,因而又是优良的蜜源植物,并且全株可药用。在园林中,常丛植于草坪、山坡、林缘、路边或点缀于建筑物周围,观花赏果两相宜。

树形　　花

小檗

【学名】*Berberis thunbergii* DC.

【别名】日本小檗、刺檗

【科属】小檗科·小檗属

【识别特征】落叶灌木,枝丛生,幼枝紫红色,老枝灰棕色,有槽,刺单生,与枝条同色。叶小匙状,倒卵形状椭圆形,先端钝尖,有时具细小的短尖头,表面暗绿色,背面灰绿色。花期4月,花序伞形或近簇生,有花2~5朵,少有单花,黄白色。果期10月,浆果椭圆形,熟时红色,有宿存花柱。

常见栽培品种:

紫叶小檗 cv. *atropurpurea* 小枝暗紫色,叶片紫红色,花红色花瓣有红晕,浆果鲜红色。

小檗

金叶小檗 cv. *aurea* 小枝青绿色，茎多刺，春季新叶淡黄色，后渐变深呈金黄色，秋季落叶前变成橙黄色。

【产地与习性】 原产于我国东北南部、华北及秦岭地区；日本也有分布。现全国各地普遍栽培。中性，喜光，耐半阴，耐寒；喜肥沃、排水良好的土壤，耐旱，不耐水涝；萌芽力强，耐修剪整形。

【繁殖栽培】 常用播种和扦插繁殖。

【园林应用】 小檗及其变种具有较高的观赏价值，是城市园林绿化、公路绿化隔离带的常用树种；也是抗旱、抗寒、抗风沙的优良树种，可作为防风固沙、保持水土和涵养水源林的地被物。紫叶小檗、金叶小檗还适宜与绿色灌木作块面色彩布置，或盆栽制作盆景及配植山石，观赏效果皆好。

紫叶小檗

金叶小檗

3.3 藤本植物

藤本植物，又名攀缘植物，是指那些茎部细长，自身不能直立生长，必须依附他物，缠绕或攀缘向上生长的植物。可分为常绿藤本、落叶藤本两类。

3.3.1 常绿藤本

薜荔

【学名】 *Ficus pumila* Linn.

【别名】 凉粉树、木莲

【科属】 桑科 · 榕属

【识别特征】 常绿攀缘藤本或匍匐灌木；幼时以气根附生于树木、墙垣或岩石上。叶二型，营养枝上的叶质薄而小，心状卵形，基部偏斜，几无柄；结果枝上的叶大而厚，革质，

果

椭圆形,全缘,有柄。隐头花序,花序托倒卵形或梨形,单生于叶腋,4 月间开花;小瘦果 9 月成熟。

【产地与习性】 产于我国华东、华南及西南地区;日本,越南有分布。中性,喜光又耐阴;喜温暖湿润气候,也耐寒;适生于含腐殖质的酸性或中性土壤,耐干旱瘠薄;对有毒气体有一定的抗性。

【繁殖栽培】 以扦插为主,也可压条或播种繁殖。

【园林应用】 薜荔叶片质厚,深绿发亮,寒冬不凋,郁郁葱葱,为垂直绿化的优良植物。在园林中可让其攀缘于岩坡、墙垣、假山、立峰或树上,自然野趣浓烈,立体绿化效果好。其果可做冰粉食用。

立体绿化

叶片

常绿油麻藤

常绿油麻藤

【学名】 *Mucuna sempervirens* Hemsl.

【别名】 常春油麻藤、油麻藤

【科属】 豆科・油麻藤属

【识别特征】 常绿大型木质藤本,长可达 25 m。老茎直径可超过 30 cm。羽状复叶具 3 小叶,叶长 21~39 cm;托叶脱落,小叶革质,长圆形或卵状椭圆形,无毛。总状花序生于老茎上,花大,长 10~36 cm。荚果木质,带形,种子间缢缩,近念珠状。花期 4—5 月,果期 8—10 月。

叶

花序

【产地与习性】产于浙江、福建、江西、湖北、湖南、广东、贵州、云南、四川、重庆等地；日本有分布。云南、四川、重庆等地有栽培，为优良的棚架，绿化植物。既喜光也耐阴，喜湿暖湿润气候，适应性强，耐寒，耐干旱和耐瘠薄，对土壤要求不严，喜深厚、肥沃、排水良好、疏松的土壤。

【繁殖栽培】播种、扦插、压条、嫁接均可。

【园林应用】常绿油麻藤是园林价值较高的垂直绿化藤本植物，可以保护墙面，可以在景观不良的地方做障景使用，也是护坡、栅栏、花架、绿篱、凉棚、屋顶绿化等地常用绿化植物。

扶芳藤

植株

【学名】*Euonymus fortunei* (Turcz.) Hand. ~ Mazz.

【别名】过冬青、换骨筋

【科属】卫矛科 · 卫矛属

【识别特征】常绿藤本，茎匍匐或攀缘，有吸附根；小枝微具棱，有小瘤状突起皮孔。单叶对生，薄革质，椭圆形至椭圆状披针形，缘有锯齿，表面浓绿色，背面叶脉显著。花期 5—6 月，花小，绿白色，聚伞花序。果期 10—11 月，蒴果近球形，淡红色，开裂时显出红色假种皮。

【产地与习性】分布于我国中部及南部地区；日本、朝鲜半岛也有。中性，喜光又耐阴，不甚耐寒；适应性强，抗干旱，耐水湿，亦耐轻度盐碱；在干燥瘠薄处，叶质增厚，色黄绿，气根增多。

【繁殖栽培】以扦插为主，也可压条或播种繁殖。

【园林应用】扶芳藤枝叶铺地，春夏翠绿，入秋红霞一片，为园林绿化中常用的常绿地被物。宜植于矮墙边、假山旁、岩石缝中，或栽在大树下，茎蔓以气生根攀缘；也可作花架缠绕的材料，盆栽可制作微型盆景，典雅别致。

常春藤

【学名】*Hedera nepalensis* var. *sinensis* (Tobl.) Rehd.

【别名】洋常春藤

【科属】五加科 · 常春藤属

【识别特征】常绿攀缘或匍匐灌木。枝蔓细弱柔软，具气生根，常以气生根附于树干或岩壁上；叶互生、革质，深绿色，具长柄；营养枝上的叶三角状卵形，全缘或 3 浅裂。伞形花序再集成圆锥花序，花小，淡黄白色或绿白色；核果球形，黑色。花期 9—10 月，果期翌年 4—5 月。

【产地与习性】原产于欧洲；我国早年引种，现江南地区广泛栽培应用。暖地树种，阴性，耐阴性强；喜温暖湿润气候，不耐寒；对环境适应性强，对土壤要求不严，酸性、中性土壤均能生长，栽培管理简易。

【繁殖栽培】常用扦插、压条或播种繁殖。

【园林应用】常春藤枝柔叶密，四季翠绿，耐阴性强，并有多种叶色变异品种，特别适用于建筑物背阴处、大树密林之下、林地护坡、公路立交桥下等荫蔽环境也可用于室内立体绿化。

枝叶

叶片

蔓长春花

蔓长春花

【学名】*Vinca major* Linn.

【别名】攀缠长春花

【科属】夹竹桃科·蔓长春花属

【识别特征】常绿蔓性半灌木,矮生,枝条匍匐生长,长达 2 m 以上。小叶对生,椭圆形,质薄,全缘,亮绿色,有光泽,具叶柄。花期 3—6 月,花 1 ~ 2 朵腋生,花冠蓝色,5 裂。蓇葖果双生,直立。

常用栽培品种:

花叶蔓长春花 *Vinca major* cv. *Variegata* 叶面具黄白色斑,叶缘乳黄色。

【产地与习性】原产于地中海沿岸、印度;现我国长江流域以南地区广泛栽培。中性,喜光,稍耐阴;适应性强,对土壤要求不严,耐干旱,但忌水湿;能耐低温,在-7 ℃气温条件下,露地种植也无冻害现象;分蘖能力很强,生长速度快。

【繁殖栽培】可用扦插、压条、分株繁殖,极易生根。

蔓长春

蔓长春花

【园林应用】蔓长春花叶色浓绿,四季常青,花叶蔓长春花叶镶银边,春末夏初开出的朵朵蓝花显得十分幽雅。在园林绿化中常作地被植物材料，也可盆栽或吊盆布置于室内、窗前或阳台，是一种良好的垂直观叶植物。

花叶蔓长春

花叶蔓长春

络石

【学名】*Trachelospermum jasminoides* (Lindl.) Lem.

【别名】石龙藤、白花藤

【科属】夹竹桃科・络石属

【识别特征】藤本，茎长达 10 m。借气根攀缘。茎赤褐色，茎节膨大，多分枝。单叶对生，全缘，薄革质，卵圆形或卵状披针形。花期 4—5 月，聚伞花序 3 ~ 7 朵，顶生或腋生，花白色，高脚碟状花冠，裂片 5，右旋，具清香。蓇葖果双生，细长，果熟期 9—10 月，种子线形，具白毛。

常见栽培品种：

花叶络石 cv. *variegate* 春季新叶粉红色。

黄金锦络石 cv. *asiaticum* 叶面金黄色或复色。

斑叶络石 cv. *variegatum* 叶具白色或浅黄色斑纹。

【产地与习性】产于我国长江流域各地。中性，喜光，稍耐阴；适应性极强，耐寒；对土壤要求不严，耐干旱，也耐水湿；抗污染能力强，并能吸滞粉尘，能使空气得到净化。

【繁殖栽培】一般采用扦插繁殖，枝插极易成活。

络石

络石花

【园林应用】络石叶色浓绿，四季常青，花如白雪，清香诱人，为优良的观花观叶藤蔓植物。在庭园中栽培用以美化墙壁，岩石及树冠，或可盆栽观赏。可在疏林草地的林间、林缘栽植。同时可用于污染厂区和公路护坡等环境恶劣区块的绿化。

果实

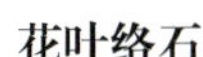

花叶络石

花叶络石

黄金锦络石

金银花

金银花

【学名】*Lonicera japonica* Thunb.

【别名】忍冬、通灵草

【科属】忍冬科·忍冬属

【识别特征】常绿或半常绿缠绕灌木，小枝中空，皮棕褐色，条形剥落，幼时密被柔毛。叶对生，卵形或长卵形，先端有小短尖。盛花期5—6月，少数开至9月；花成对生于叶腋，花冠长筒状二唇形，上唇4裂，下唇不裂，初开白色，后变黄色，芳香。果期9—10月，浆果球形，蓝黑色。

【产地与习性】除黑龙江、内蒙古、宁夏、青海、新疆、西藏和海南外，全国各地均有分布；日本、朝鲜也有分布。中性，喜阳亦耐阴，耐寒性强；对土壤要求不严，酸、碱土壤均能适应，也耐干旱和水湿；根系发达，萌蘖力强，茎着地即能生根，每年春夏两次发梢。

【繁殖栽培】采用扦插、压条、分株、播种繁殖均可。

【园林应用】金银花藤蔓缭绕，冬叶微红，花开时节花色黄白相间，开花时间长，且含清香，为色香俱佳的藤本植物。可缠绕篱垣、花架、花廊等作垂直绿化;或附于山石,植于沟边,用作地被,富有自然情趣;或在假山、岩坡缝隙间点缀,美化效果好。

植株

花

3.3.2 落叶藤本

铁线莲

【学名】 *Clematis florida* Thunb.
【别名】 山木通、威灵仙、番莲
【科属】 毛茛科·铁线莲属

植株

花

【识别特征】 落叶或半常绿藤本,全体疏生白色短毛,藤蔓瘦长而质硬。二回三出羽状复叶对生,通常小叶9枚,狭卵形或卵状披针形。花期5—6月,花单生叶腋,萼片通常5枚,白色或淡黄色,背面有绿色条纹;雄蕊紫色。

【产地与习性】 产于我国长江中下游至华南地区。喜光,根基部喜荫蔽;耐寒性强,对土壤要求不严,喜碱性土壤,耐干旱,忌水湿;在高温多湿的雨季易发病。

【繁殖栽培】 可用播种、扦插、压条或嫁接繁殖。

【园林应用】铁线莲可用于攀缘墙篱、花架、花柱、拱门等园林建筑和设施,也可用作地被,还可作展览用切花。

多花蔷薇

多花蔷薇

【学名】*Rosa multiflora* var. *adenophora* Franch. & Sav.

【别名】野蔷薇、藤本月季

【科属】蔷薇科 · 蔷薇属

【识别特征】落叶木质藤本,枝干扩展,枝条长 3 ~ 5 m;幼枝青绿色,老枝灰褐色;上有弯曲尖刺,蔓性或攀缘。羽状复叶,有小叶 5 ~ 9 枚,托叶大部分和叶柄合生,边缘篦齿状分裂,有腺毛。花期 4—6 月,圆锥状伞房花序,花色丰富,白色、粉红色或复色,重瓣。果熟期 9—11 月,果实近球形。

同属常见栽培植物还有七姊妹 *Rosa multiflora* var. *carnea* Thory,主要区别为花重瓣,粉红色。

【产地与习性】原产于江苏、湖北、广东、云南等地,现世界各地均有栽培。阳性,喜阳光充足,空气流动的环境,忌荫蔽;喜肥沃、疏松和微酸性土壤,耐瘠薄,不耐水涝。

【繁殖栽培】多用扦插或嫁接法繁殖。

【园林应用】藤本月季花枝招展,花色艳丽,花期较长,且能向上攀缘,是春末夏初重要观花植物之一。适宜在铁栏边栽植成花篱,也可布置花框、花架、墙垣等,或在草坪、园路角隅、水边驳岸、假山等处配植也甚合适,重瓣花朵又可作切花用。

植株

花

使君子

【学名】*Quisqualis indica* Linn.

【别名】四君子

【科属】使君子科 · 使君子属

【识别特征】落叶攀缘灌木,小枝被棕黄色短柔毛;叶对生或近对生,卵形或椭圆形,长 5 ~ 11 cm,宽 2.5 ~ 5.5 cm,先端短渐尖,基部钝圆,表面无毛,背面有时疏被棕色柔毛。顶生穗状花序,组成伞房花序;苞片卵形至线状披针形,花瓣 5,初为白色,后转淡红色;花期初夏,果期秋末。

【产地与习性】分布于福建、江西、湖南、广东、广西、四川、云南、贵州;印度、缅甸、菲律宾有分布。在我国长江中下游以北无野生记录。性喜温润,深根性,根系分布广而深。宜栽于向阳背风处。对土质要求不严,但以排水良好的肥沃砂质壤土为最佳。

【繁殖栽培】繁殖方法有多种,如播种、扦插、压条及分蘖等。

【园林应用】使君子叶色清脆,花色艳丽,适宜在墙面、栏杆边栽植成花篱,也可布置花架、墙垣等,其果实还是重要的药用植物。

花

植株

紫藤

紫藤

【学名】*Wisteria sinensis* Sweet

【别名】紫藤花、葛花藤

【科属】豆科·紫藤属

【识别特征】落叶木质大藤本,枝条长达 10 m 以上;树皮浅灰褐色,小枝淡褐色,茎左旋;叶痕灰色,稍凸出。奇数羽状复叶,小叶卵状披针形或卵形,全缘,小叶 9 ~ 13。花期 3—4 月,花序长 15 ~ 30 cm,总状花序,花蓝紫色,有芳香。荚果扁平,长条形,9—10 月果熟。

【产地与习性】原产于我国,华北以南各地均有栽培;国外亦有引种应用。阳性,喜光,略耐阴;深根性,适应力强,耐干旱瘠薄,忌水湿;萌蘖力强,生长迅速,寿命长。

植株

果实

【繁殖栽培】可用播种、分株、压条、扦插、嫁接等法繁殖。

【园林应用】紫藤老干盘桓扭绕,宛若蛟龙,春天开花,形大色美,披垂下曳,最宜作棚架栽植;若作灌木状栽植于河边或假山旁,也十分相宜。老桩可制作盆景,观形、观花、观果俱佳。

花序

花序

爬山虎

爬山虎

【学名】*Parthenocissus tricuspidata* (Sieb. et Zucc.) Planch

【别名】爬墙虎、地锦

【科属】葡萄科·地锦属

【识别特征】落叶木质藤本，分枝多，卷须短且多分枝，须端扩大成吸盘，细蔓嫩红色，茎长达 20 m 以上。单叶 3 裂或 3 小叶，互生，叶宽卵形，基部心形，缘有粗齿，幼枝及老枝下部的叶也有 3 出复叶或 3 全裂的，叶柄长。5—6 月开花，聚伞花序，花小，淡黄绿色。浆果球形，9—10 月成熟，蓝墨色，被白粉。

果实

【产地与习性】分布极广，吉林至广东均有分布；日本也有。中性，喜光，稍耐阴；对气候和土壤的适应性极强，耐寒、耐干旱瘠薄，也耐阴湿；生长快速。

【繁殖栽培】以扦插为主，也可压条或播种繁殖。

植株

叶片

【园林应用】爬山虎的蔓茎能沿墙壁、山坡、树干迅速生长发展，可以垂直覆盖墙壁等，而且叶片

翠绿茂密，因而是墙面垂直绿化、公路斜坡覆盖的主要植物材料；也可以点缀假山和叠石。

凌霄

凌霄

花

【学名】*Campsis grandiflora* (Thunb.) Schum.

【别名】紫葳、凌霄花

【科属】紫葳科·凌霄属

【识别特征】落叶木质藤本，以气生根攀缘上升，枝长可达 10 m 以上；一回奇数羽状复叶，对生，小叶 7～9 枚，卵形或卵状披针形，背面无毛。花期 6—9 月，由聚伞花序集成顶生圆锥花序，花朵较大，花冠漏斗状钟形，花冠橘红色。蒴果细长如豆荚，果熟期 10 月。

同属栽培种：

美国凌霄 *Campsis radicans* (L.) Bureau 小叶 9～11 枚，叶背脉间有细毛，花冠较小，花冠外面橘红色而裂片鲜红色；耐寒性较凌霄强。原产于北美洲，现我国各地常见栽培。

【产地与习性】原产于我国华北至长江流域一带，各地多有栽培。中性，好阳而又稍耐阴，性喜温暖，不甚耐寒；适生于排水良好、背风向阳、肥沃湿润的中性或微酸性土壤，也耐旱，忌积水；萌生力强，萌蘖性也强；耐烟尘，对有毒气体有一定的抗性。

【繁殖栽培】以扦插、压条为主，也可分株、播种繁殖。

【园林应用】凌霄和美国凌霄花色鲜艳，花期长，且值盛夏少花季节，为良好的垂直绿化材料。适宜栽植于花廊、棚架、花墙、花门等处，也可攀缘假山、石壁、枯树；因其抗性较强，也可用于厂矿的绿化。

植株

叶片

3.4 竹类

毛竹

毛竹

【学名】*Phyllostachys edulis*（Carrière）J. Houz.

【别名】楠竹、江南竹

【科属】禾本科 · 竹亚科 · 刚竹属

【识别特征】大型地下茎单轴型散生竹，秆高达 10～20 m，直达 10～20 cm，中部节间长 30～40 cm。秆壁厚，秆箨厚革质，密生棕褐色毛及黑褐色斑点；新秆绿色，密被柔毛和白粉，老秆无毛，节下有白粉环。枝叶二列状排列，每小枝 2～3 叶，叶片披针形。笋期 3 月下旬—4 月。部分老竹能开花，穗状花序，每小穗 2 朵小花，颖果针状；花后老竹逐渐枯萎死亡。

竹笋

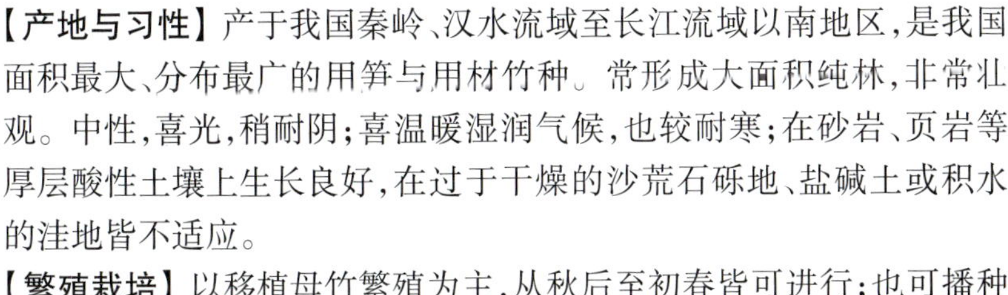

【产地与习性】产于我国秦岭、汉水流域至长江流域以南地区，是我国面积最大、分布最广的用笋与用材竹种。常形成大面积纯林，非常壮观。中性，喜光，稍耐阴；喜温暖湿润气候，也较耐寒；在砂岩、页岩等厚层酸性土壤上生长良好，在过于干燥的沙荒石砾地、盐碱土或积水的洼地皆不适应。

【繁殖栽培】以移植母竹繁殖为主，从秋后至初春皆可进行；也可播种培育实生苗。

【园林应用】毛竹秆形粗大，高耸挺拔，姿态秀丽，顶梢常稍弯曲下垂，叶色四季翠绿，傲霜雪而不凋；竹林能净化空气、减弱噪声、调节温湿度，从而改善小气候。宜植于曲径、池畔、坡地、庭院一隅，或在风景区大面积种植，形成幽静深邃的景观。

植株

植株

龟甲竹

【学名】*Phyllostachys heterocycla*（Carr.）Mitford

【科属】禾本科 · 竹亚科 · 刚竹属

【识别特征】竿高可达 20 m 以上，粗者可达 20 cm 以上，竿下部节间极度短缩、肿胀交错成斜

竹芋

面。幼竿密被细柔毛及厚白粉，箨环有毛，老竿无毛，并由绿色渐变为绿黄色笋期4月。花期5—8月。

【产地与习性】分布于我国秦岭、汉水流域至长江流域以南和台湾，黄河流域也有多处栽培；1737年引入日本栽培，后又引至欧美各国。喜温暖湿润的气候，一般年平均温度为12～22 ℃，1月份平均气温为-5～10 ℃或以上，极端最低气温可达-20 ℃，在生长季节进行必要的浇水灌溉。

【繁殖栽培】以移植母竹繁殖为主，挖取母竹时，要多带宿土，并带50 cm左右的竹鞭。

【园林应用】状如龟甲的竹竿既稀少又珍奇，特别是较高大的竹株。在园林中，以数株植于庭院醒目之处，也可盆栽观赏。状如龟甲的竹竿既稀少又珍奇，特别是较高大的竹株，为竹中珍品。

紫竹

紫竹

【学名】*Phyllostachys nigra*（Lodd.）Munro

【别名】观音竹、黑竹

【科属】禾本科·竹亚科·刚竹属

【识别特征】灌木，地下茎单轴型散生竹，秆高2～4 m，直径1～3 m，紫黑色。箨鞘淡玫瑰紫色，背部常密生毛，无斑点；箨耳紫色，耳缘有毛；箨叶三角形，或三角状披针形，绿色至淡紫色。每小枝2～3叶，叶鞘无毛或有微毛，叶色紫黑色，叶片长圆状披针形，长5～10 cm，宽1～1.6 cm。

植株

【产地与习性】原产于我国，主要分布于黄河流域至长江流域；国内外均有引种栽培。中性，喜光，稍耐阴；抗寒性强，能耐-20 ℃低温；适应性较强，对土壤要求不高，但以疏松肥沃的微酸性土壤为好，忌积水，在瘠薄土壤上为丛生状。

【繁殖栽培】常用移植母竹或埋鞭繁殖。

【园林应用】紫竹竿紫叶绿，扶疏成林，别具特色，具较高观赏价值，自古至今广泛栽植于庭园之中。宜与其他观赏竹种配植或植于山石之间、园路两侧、池畔水边、书斋厅堂四周；也可盆栽观赏。其秆材质坚韧，可作钓鱼竿、手杖等工艺品及制作箫、笛等乐器。

早园竹

【学名】*Phyllostachys propinqua* McClure

【别名】沙竹、桂竹

【科属】禾本科·竹亚科·刚竹属

【识别特征】地下茎单轴型散生竹，秆高5～8 m。节间短而均匀，长约20 cm；新秆绿色，具白粉，老秆淡绿色，节下有白粉圈，箨环与秆环略隆起。箨鞘褐绿色或淡紫褐色；箨叶带状披针形，紫褐色,平直反曲。小枝具叶 2 ~3 片,带状披针形,叶背基部有毛。常规笋期 3 月中旬—4 月下旬,目前笋农科技创新,采用竹叶、谷壳、稻草等对竹林地覆盖加温,使出笋期提前至春节前后,经济效益很高。

花

花

【产地与习性】主产于我国华东地区,现北京以南地区广泛栽培。中性,喜光,稍耐阴;喜温暖湿润气候,抗寒性强,能耐短期的-20 ℃低温;对土壤适应性较强,沙土、低洼地以及轻度盐碱地均能生长。

【繁殖栽培】主要采用移植母竹繁殖。

【园林应用】早园竹竿高叶茂,生长强壮,抗寒性强,现为华北以南地区笋用与观赏的主要竹种。宜在庭院、公园内群植,绿化效果良好;笋味鲜美,可食用。

孝顺竹

孝顺竹

【学名】*Bambusa multiplex* (Lour.) Raeusch. ex Schult.

【别名】观音竹、凤凰竹、蓬莱竹

【科属】禾本科 · 竹亚科 · 簕竹属

植株

植株

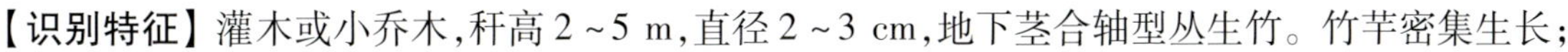

【识别特征】灌木或小乔木,秆高 2 ~5 m,直径 2 ~3 cm,地下茎合轴型丛生竹。竹竿密集生长;

幼时节间上部有白色或棕色小刺毛,毛脱落后秆壁表面留有细凹痕。秆箨厚纸质,绿色,无毛;箨叶直立;三角形或长三角形,顶端渐尖。每小枝通常 5 ~ 10 叶,叶片长 7 ~ 20 cm,宽 1 ~ 2 cm,表面深绿色,无毛,背面灰绿色,有细毛,无横脉。发笋期 6—9 月。

【产地与习性】原产于我国长江中下游至华南、西南及台湾地区;东南亚、日本、印度及欧美有栽培。中性,喜光,稍耐阴;喜温暖湿润环境,但耐寒力较强;喜深厚肥沃、排水良好的土壤。

【繁殖栽培】常以移植母竹为主,亦可埋兜、埋节繁殖。

【园林应用】孝顺竹与青皮竹秆密丛生,枝叶四季青翠,姿态婆娑秀美,宜于宅院角隅、建筑物前、草坪或河岸边种植;若配置于假山旁侧,则竹石相映,素雅洁净,更富情趣。

凤尾竹

凤尾竹

【学名】*Bambusa multiplex* 'Fernleaf' R. A. Young

【科属】禾本科 · 竹亚科 · 簕竹属

【识别特征】为孝顺竹的变种,丛生型小竹,秆高 1 ~ 4 m,直径 1 cm 以下。枝秆稠密,纤细而下弯;叶细小,长 2 ~ 7 cm,宽 0.5 ~ 1.2 cm,常 10 多片生于小枝的顶端,排列紧密,似两列羽状复叶。

【产地与习性】原产于我国、日本及东南亚地区;我国华南、西南直至长江流域各地皆有栽培。中性,喜光,稍耐阴;喜温暖湿润气候,与孝顺竹相比,其耐寒性较差,在浙北地区露地栽植冬季叶片会出现枯萎现象;萌枝力强,耐修剪。

【繁殖栽培】常以移植母竹为主,亦可埋兜、埋秆、埋节繁殖。

【园林应用】凤尾竹枝秆低矮稠密,枝叶纤细,姿态秀美,宜丛植于庭院宅旁、公园路边池旁,也可与假山、叠石配植;既可让其自然生长,也可修剪成球形或盆栽观赏。

凤尾竹

叶片

佛肚竹

【学名】*Bambusa ventricosa* McClure

【别名】罗汉竹、密节竹

【科属】禾本科 · 竹亚科 · 簕竹属

【识别特征】地下茎合轴型丛生竹,多为灌木状。秆二型,正常秆高 3 ~ 7 m,茎 2 ~ 3 cm,圆筒形,基部不膨大;畸形秆高不足 60 cm,茎 1 ~ 2 cm,节间短缩而膨胀,形似佛肚,故而得名;箨鞘光滑无毛;小枝具叶 5 ~ 12 枚,叶片卵状披针形,先端锐尖头,基部楔形。笋期 5—6 月。

【产地与习性】原产于我国华南地区，长江以南各地有栽培，北方地区则多盆栽。中性，喜光，亦稍耐阴；喜温暖湿润气候，抗寒力较差，只能耐轻霜及极端 0 ℃左右低温；喜肥沃湿润的酸性土，不耐干旱，稍耐水湿，氮肥不宜施用过多。

【繁殖栽培】常用分株或扦插法繁殖；移栽母竹，宜在 11 月或 2—3 月进行。

【园林应用】佛肚竹秆形奇特，古朴典雅，在园林中自成一景。适于庭院、公园、水滨等处种植，与假山、崖石等配置，更显优雅；也可盆栽或制作盆景观赏。

竹秆

竹秆

青皮竹

【学名】*Bambusa textilis* McClure

【别名】四季竹

【科属】禾本科 · 竹亚科 · 簕竹属

【识别特征】地下茎合轴型丛生竹，秆高 4 ~ 10 m。竿直立，节间甚长，竹壁薄。近基部数节无芽，出枝较高，基部附近数节不见出枝，分枝密集丛生达 10 ~ 12 枝。每小枝上叶片 8 ~ 15 枚，叶片披针形。箨环倾斜，箨鞘初有毛，后无之；箨耳小，长椭圆形，不甚相等，箨舌略成弧形，箨叶窄三角形，直立。发笋期 5—9 月。竹秆形态与孝顺竹相似，最明显的区别在于青皮竹的竹节上方有一白色毛环。

竹秆

【产地与习性】主产于我国华南及西南地区，现长江流域以南地区普遍栽培。中性，喜光，稍耐阴；喜温暖湿润环境、通风良好的环境，有一定的耐寒力；喜深厚肥沃、排水良好的土壤；萌蘖力强，生长速度快。

【繁殖栽培】常以移植母竹为主，亦可埋兜、埋节繁殖。

【园林应用】青皮竹竹竿密集，枝稠叶茂，绿荫成趣，是长江流域至珠江流域主要的绿化树种。宜栽植于房前屋后、草坪边或河岸旁；若可配置于假山旁侧，则竹石相映，素雅成趣。其竹秆通直,干后不易开裂,节平而疏,纤维坚韧,也为优质蔑用竹种之一。

青皮竹

青皮竹

菲白竹

【学名】*Sasa fortunei*(Van Houtte)Fiori

【科属】禾本科·竹亚科·赤竹属

【识别特征】丛生状低矮地被竹,秆高30~50 cm;每节秆具2至数分枝,节间无毛。叶片狭披针形,叶片底色绿色,间有白色或乳白色纵条纹,菲白竹即由此得名;叶鞘淡绿色,一侧边缘有明显纤毛,鞘口有数条白缘毛。笋期4—5月。

同属栽培品种:

菲黄竹 *Pleioblastus viridistriatus*'Variegatus' 丛生状低矮地被竹,新叶黄色,具绿色纵条纹,老叶渐变为绿色;其他特征与菲白竹相似。

菲黄竹

菲白竹

【产地与习性】原产于日本;现我国华东地区有露地栽培,北方地区则多盆栽。中性,喜光,耐半阴,忌烈日暴晒;喜温暖湿润气候,抗寒力较差;要求向阳避风环境,喜肥沃疏松、排水良好的砂质壤土;地下茎萌发力强。

【繁殖栽培】采用分植母株的方法,兼用鞭蔸繁殖。

【园林应用】菲白竹和菲黄竹植株低矮,枝叶茂密,叶片秀美,在园林绿化中可用作彩叶地被、色块、绿篱或与假石相配,皆很合宜;也可盆栽或制作盆景,端庄秀丽,在案头、茶几上摆放一盆,别具雅趣,是观赏竹类中不可多得的珍贵品种。

箬竹

【学名】*Indocalamus tessellatus* (Munro) Keng f.

【别名】箬叶竹、米箬竹

【科属】禾本科 · 竹亚科 · 箬竹属

植株

叶片

【识别特征】丛生低矮地被竹型。秆高 1 ~ 2 m,茎 5 ~ 10 mm。节间长约 20 cm,圆筒形,一般为绿色。秆环、箨环均隆起。每节分枝 1 ~ 3,每小枝具叶 1 ~ 3 片,叶长 10 ~ 30 cm,宽 2 ~ 6 cm,叶耳发达。节下方有红棕色贴竿的毛环。箨鞘长于节间,上部宽松抱竿,具纵肋;箨耳无;箨舌厚膜质,截形,背部有棕色伏贴微毛;箨片大小多变化,窄披针形;小枝具 2 ~ 4 叶,叶片稍下弯,宽披针形或长圆状披针形,先端长尖,基部楔形,背面灰绿色,小横脉明显,形成方格状,叶缘生有细锯齿。出笋期 4—5 月。

【产地与习性】主要分布于我国长江中下游以南地区,生于海拔 1 000 ~ 1 300 m 的山坡、溪流、河岸边。中性,喜光,稍耐阴;喜温暖湿润气候;喜深厚肥沃、排水良好的土壤。

【繁殖栽培】主要采用分株繁殖。

【园林应用】箬竹除大量野生外,已进入人工栽培,资源丰富,用途广泛。其叶大,可用作食品包装、斗笠、船篷衬垫等,还可用来加工制造箬竹酒、饲料、造纸及提取多糖等;其植株可用于园林绿化,常片植作常绿地被;其叶、笋及产品,药用价值高,对癌症具有防治功效。

4 其他园林植物

4.1 水生植物

水生植物是指生长在水体中或沼泽地的植物。这些植物常年生活在水中，对水分的要求和依赖程度很大。具有其独特的形态结构和生物学习性。水生植物种类繁多，按照其生活方式与形态特征，分为以下四大类型。

(1)挺水植物(包括湿生和沼生)　挺水植物植株高大，花色艳丽，绝大多数有茎、叶之分；下部或基部沉于水中，根或地茎扎入泥中生长，上部植株挺出水面。如荷花、千屈菜、水葱、再力花等。

(2)浮水植物　浮水生植物的根状茎发达，无明显的地上茎或茎细弱不能直立，叶片漂浮于水面上。如王莲、睡莲、芡实等。

(3)漂浮植物　漂浮植物根茎不生于泥中，植物漂浮于水面之上，随水流、风四处漂泊，多数以观叶为主。如凤眼莲、田子萍等。

(4)沉水植物　沉水植物根茎生于泥中，整个植株沉入水中，具发达的通气组织，利于在水中进行气体交换。叶多为狭长或丝状，能吸收水中部分养分，在水下弱光的条件下也能正常生长发育。对水质有一定的要求，因为水质浑浊会影响其光合作用。花小，花期短，以观叶为主。如海菜花、海菖蒲等。

4.1.1 挺水植物

荷花

【学名】 *Nelumbo nucifera* Gaertn.

【别名】 莲花、水芙蓉

【科属】 莲科 · 莲属

【识别特征】为宿根挺水型草本植物；地下茎（藕）肥大有节，横生于淤泥中，节上生有不定根，并抽叶开花；藕与叶柄、花梗均具多个大小不一的孔道。叶大，盾状圆形，全缘，叶脉明显隆起；叶柄圆柱形，粗壮，密布倒生刚刺。花期6—8月，花单生，直径10～20 cm；花色有红、粉红、白、黄等色，具清香；雄蕊多数，雌蕊多数离生，隐藏于膨大的倒圆锥形花托内。果期9—10月，坚果（莲子）初为青绿色，熟时为深蓝色。荷花栽培品种很多，依据用途分为藕莲、子莲、花莲三大类。花莲则依据花瓣的多少、雌雄蕊瓣化程度及花色分类，常见的类型有单瓣型、复瓣型、千层型、佛座型、重台型、多花型等。

【产地与习性】原产于我国，南北各地均有栽培，为我国应用最广泛的水生植物。阳性植物，喜光，不耐阴；喜热，耐高温，亦耐寒，在强光下生长发育快，开花早；喜相对稳定、水深不超过1 m的静水，水深1.5 m时不能开花；生长季节失水，若泥土湿润，虽不会死亡，但生长减慢；若继续干旱，则会导致死亡。

【繁殖栽培】一般采用分藕繁殖，将有顶芽的子藕平栽于塘泥中；也可播种繁殖，春秋季均可。

【园林应用】荷花叶大形美，花大色丽，清香远溢，赏心悦目，为我国十大名花之一。广泛用于水池、湖面的景观布置，常在水体的浅水处作片状栽植；也可布置小庭院、阳台以及供插花美化居室。其地下茎（藕）可作蔬菜食用，莲子是营养丰富的滋补食品。

花

花与叶片

果托

地下茎

梭鱼草

【学名】*Pontederia cordata* L.

【别名】北美梭鱼草、海寿花

【科属】雨久花科·梭鱼草属

【识别特征】多年生挺水型水生或湿生草本植物,叶柄绿色,圆筒形,叶片较大,长可达25 cm,宽可达15 cm,深绿色,叶形多变。大部分为倒卵状披针形,长10~20 cm。上方两花瓣各有2个黄绿色斑点,花葶直立,通常高出叶面。

【产地与习性】原产于北美洲,现我国华东地区广为栽培。喜温、喜阳、喜肥、喜湿、怕风且不耐寒,静水及水流缓慢的水域中均可生长,适宜在20 cm以下的浅水中生长,适温15~30 ℃,越冬温度不宜低于5 ℃,梭鱼草生长迅速,繁殖能力强,条件适宜的前提下,可在短时间内覆盖大片水域。

【繁殖栽培】播种繁殖或分株繁殖。

【园林应用】梭鱼草叶色翠绿,花色迷人,花期较长,可用于家庭盆栽、池栽,也可广泛用于园林美化,栽植于河道两侧、池塘四周、人工湿地,与千屈菜、花叶芦竹、水葱、再力花等相间种植,每到花开时节,串串紫花在片片绿叶的映衬下,别有一番情趣。

植株

叶

花与叶

花

雨久花

【学名】*Monochoria korsakowii* Regel et Maack

【别名】蓝花菜、蓝鸟花

【科属】雨久花科·雨久花属

【识别特征】直立水生草本;根状茎粗壮,具柔软须根。茎直立,高 30 ~ 70 cm,全株光滑无毛。叶基生和茎生;基生叶宽卵状心形,顶端急尖或渐尖,基部心形,全缘,具多数弧状脉。总状花序顶生,花 10 余朵,具 5 ~ 10 mm 长的花梗;花被片椭圆形,顶端圆钝,蓝色。种子长圆形,长约 1.5 mm,有纵棱。花期 7—8 月,果期 9—10 月。

【产地与习性】主要分布于我国东北、华南、华东、华中地区。喜光照充足,稍耐荫蔽。为了保证开花繁茂,每天应保证植株接受 4 h 以上的直射日光。18 ~ 32 ℃的温度范围内生长良好,越冬温度不宜低于 4 ℃。

【繁殖栽培】播种或分株繁殖。

【园林应用】雨久花花大而美丽,淡蓝色,像只飞舞的蓝鸟,叶色翠绿、光亮、素雅,在园林水景布置中常与其他水生观赏植物搭配使用,单独成片种植效果也很好,沿着池边、水体的边缘按照园林水景的要求可作带形栽种。

花

植株

再力花

【学名】*Thalia dealbata* Fraser.

【别名】水竹芋

【科属】竹芋科·水竹芋属

【识别特征】多年生挺水型草本植物,高 1 ~ 2 m。叶大,卵状披针形,叶色青绿,边缘紫色。复总状花序,花小多数,花瓣紫堇色,花期 6—9 月。全株附有白粉。

【产地与习性】原产于美国南部和墨西哥热带地区。阳性,喜阳光充足、温暖湿润的气候环境,不耐寒;入冬后地上部分逐渐枯死,以根茎在泥土中越冬;在微碱性的土壤中生长良好。

植株

花

【繁殖栽培】采用根茎分株繁殖。

【园林应用】再力花植株高大美观,叶大形似芭蕉叶,叶色翠绿可爱,花序高出叶面,亭亭玉立,蓝紫色的花朵素雅别致,是水景绿化的上品花卉,有“水上天堂鸟”之美誉。除供观赏外,还有净化水质的作用,常成片种植于湖泊、溪流、水渠浅水处或湿地,形成独特的水体景观,也可盆栽观赏或种植于庭院水体景观中。

千屈菜

【学名】*Lythrum salicaria* Linn.

【别名】水柳

【科属】千屈菜科 · 千屈菜属

【识别特征】多年生挺水型草本植物,高 1 m 左右。根茎粗壮,横卧于地下;茎四棱形,直立多分枝。叶对生或三叶轮生,披针形,全缘,无柄。聚伞花序簇生,因花梗短,整个花枝形似一大型穗状花序;小花多而密,花萼长筒状,花瓣 6 枚,紫红色,花期 6—9 月。

植株

花

【产地与习性】原产于亚洲热带地区,现我国各地广泛栽培。阳性,喜光,喜温暖湿润、通风良好的环境;在肥沃、疏松的土壤中生长良好,耐盐碱;自然种生长于沼泽地、沟渠边或滩涂上。

【繁殖栽培】以分株为主,也可播种或扦插繁殖。

【园林应用】千屈菜植株整齐清秀,花期长,色彩艳丽夺目,片植具有很强的渲染力,盆栽效果亦佳;在园林水景中,与荷花、睡莲等水生花卉配植极具烘托效果,也可丛植于池塘浅水处或点缀桥头、驳岸,是良好的水体造景植物。

黄菖蒲

黄菖蒲

【学名】*Iris pseudacorus* Linn.
【别名】黄花鸢尾、水生鸢尾
【科属】鸢尾科 · 鸢尾属
【识别特征】多年生宿根挺水或湿生草本植物,植株高大,根茎短粗。叶子茂密,基生,绿色,长剑形,长 60 ~ 100 cm,中肋明显,并具横向网状脉。花茎稍高出于叶,垂瓣上部长椭圆形,基部近等宽,具褐色斑纹或无,旗瓣淡黄色,花径 8 cm。蒴果长形,内有种子多数,种子褐色,有棱角。花期 5—6 月。

同属栽培品种:

花菖蒲(*Iris ensata* var. *hortensis* Makino et Nemoto)根状茎短粗,须根多,细条形;叶基生,条形;平行脉,中脉明显突出。花期 5—6 月,花茎直立,高 50 ~ 100 cm,花色丰富,有红、白、紫、蓝等色,蒴果矩圆形;种子褐色,有棱。

植株

花

果

花

【产地与习性】原产于南欧、西亚及北非,现世界各地都有引种栽培。光中性,喜光耐半阴;适应性强,耐湿亦耐旱,砂壤土及黏土都能生长;生长适温 15 ~ 30 ℃,温度降至 10 ℃以下停止生长;冬季地上部分枯死,根茎地下越冬。
【繁殖栽培】采用分株或播种繁殖。
【园林应用】黄菖蒲春季叶片青翠,似剑若带,4—5 月黄花大而美丽,别具雅趣。可栽植于水湿洼地、池边湖畔、石间路旁,也可植于林荫树下作为地被植物,还可作切花材料或盆栽布置花坛。

菖蒲

【学名】*Acorus calamus* L

【别名】山菖蒲

【科属】天南星科・菖蒲属

植株

花

【识别特征】多年生草本植物。根茎横走，稍扁，外皮黄褐色。叶基生，向上渐狭。叶片剑形，长90～150 cm，中部宽1～3 cm。佛焰苞叶状，肉穗花序腋生，花黄绿色。浆果长圆形，红色。花期6—9月。

【产地与习性】原产于我国及日本。广布世界温带、亚热带。最适宜生长的温度20～25 ℃，10 ℃以下停止生长。冬季以地下茎潜入泥中越冬。喜冷凉湿润气候，阴湿环境，耐寒，忌干旱。

【繁殖栽培】采用分株或播种繁殖。

【园林应用】菖蒲既是药用植物也是观赏植物。在园林绿化中，是常用的水生植物，适宜水景岸边及水体绿化，也可盆栽观赏或作布景用。

旱伞草

【学名】*Cyperus alternifolius* L.

【别名】野生风车草、水棕竹

【科属】莎草科・莎草属

【识别特征】多年生挺水型草本植物，高40～120 cm，丛生。茎秆粗壮，三棱形，无分枝；叶退化成鞘状，包裹茎的基部；总苞片叶状，长而窄，约20枚，近于等长，成螺旋状排列于茎秆的顶部，向四面开展如伞状。7月开花，花小，白色或黄褐色；9—10月果实成熟，小坚果，倒卵形或扁三棱形。

【产地与习性】原产于非洲的马达加斯加岛，现世界各地多有引种栽培。光中性，喜光，耐半阴；喜温暖、湿润气候，不耐寒，冬季低温地上部分枯死；对土壤的要求不高，但喜腐殖质丰富、保水力强的黏性土壤。

【繁殖栽培】常用分株繁殖，在3—4月进行；亦可利用顶生叶扦插繁殖。

【园林应用】旱伞草株形秀丽，观赏价值较高，适于水培与盆栽，也是很好的室内观叶植物。可在江南地区露地栽培，适合于溪流岸边、假山石隙间作点缀。

植株

花

水葱

【学名】*Schoenoplectus tabernaemontani*（Gmel.）Palla

【别名】管子草、冲天草

【科属】莎草科·水葱属

【识别特征】多年生挺水型草本植物；匍匐根状茎粗壮，地上茎直立，圆柱形，中空，高1～2 m，平滑，粉绿色；叶片细线形。聚伞花序顶生，稍下垂，花淡黄褐色，下具苞片。小坚果倒卵形，双凸状，少数三棱形，花果期5—9月。

常用同属栽培变种：

花叶水葱（*Schoenoplectus tabernaemontani*'Zebrinus'）地上茎具横向浅黄色条纹。

【产地与习性】原产于朝鲜、日本及大洋洲，现我国各地多有引种栽培。光中性，喜光，稍耐阴；喜水湿、凉爽、空气流畅的环境，在肥沃土壤中生长繁茂；宜生于湖边、池塘的浅水处或湿地中。

【繁殖栽培】常用分株繁殖。

【园林应用】水葱和花叶水葱株形奇趣，秆丛挺立，色泽淡雅，富有特别的韵味。常用于水面绿化或作岸边池旁点缀，甚为美观；也可盆栽观赏。茎秆可作插花材料，亦可入药。

植株

植株

纸莎草

【学名】*Cyperus papyrus* Linn.

【别名】埃及纸莎草

【科属】莎草科 · 莎草属

【识别特征】多年生大型水生植物。具有粗壮的根状茎,高达 2 ~ 3 m,茎秆簇生,粗壮,直立,光滑,钝三棱形。叶退化呈鞘状,茎秆顶端着生总苞片 3 ~ 10 枚,呈伞状簇生,总苞片叶状,披针形,长 7.5 ~ 15 cm,宽 2 cm 左右;顶生花序伞梗极多,细长下垂。

【产地与习性】原产于非洲埃及、乌干达、苏丹及西西里岛。我国亚热带南部及华南有栽培。纸莎草性喜光,稍耐阴,喜欢温暖及阳光充足的环境,生长适温 18 ~ 28 ℃;为挺水植物,但也耐一定的干旱,也可在潮湿地上正常生长。

【繁殖栽培】常用播种和扦插进行繁殖。

【园林应用】纸莎草可以丛植、片植,常用于路边、桥头、亭角、廊边、榭旁等种植,甚为美观。

花

植株

矮蒲苇

【学名】*Cortaderia selloana* 'Pumila'

【科属】禾本科 · 蒲苇属

【识别特征】蒲苇的变种,多年生宿根湿生草本植物,高 2 ~ 3 m。丛生,高大粗壮,雌雄异株。叶多聚生于基部,叶片质硬、狭窄,长约 1 m,宽约 2 cm,下垂,边缘具细齿,呈灰绿色,被短毛。圆锥花序大,雌花穗银白色,具光泽,小穗轴节处密生绢丝状毛,小穗由 2 ~ 3 花组成;雄穗为宽塔形,疏弱;花期 9—10 月。

【产地与习性】原产于美洲,现我国南北各地均有栽培。阳性植物,喜阳光充足、温暖湿润环境,亦耐寒;适应性强,不择土壤,既耐水湿,亦耐干旱。

【繁殖栽培】常用分株繁殖。

【园林应用】矮蒲苇花穗长而美丽,成片栽植壮观而雅致,具有优良的生态适应性和观赏价值。常用作湖边、河岸低湿处的背景材料,且具有固堤、护坡、控制杂草之作用;也可在花境观赏草专类园内使用,入秋观赏其银白色羽穗状圆锥花序;也可用作干切花。

花

植株

花叶芦竹

【学名】*Arundo donax* ‘Versicolor’
【别名】花叶荻芦苇
【科属】禾本科・芦竹属
【识别特征】芦竹的变种,多年生宿根挺水型草本植物。根状茎粗壮,有间节似竹;杆直立,茎部粗壮近木质化,高 2 ~3 m。叶互生,排成 2 列,叶片线状披针形,宽阔、扁平、弯垂,具白色条纹,边缘粗糙。圆锥花序巨大,分枝紧密,长可达 60 cm,带绿色或带紫色;花果期 9—12 月,颖果细小黑色。
【产地与习性】原产于地中海一带,现我国长江流域以南各地广泛种植。阳性植物,喜光,喜温暖湿润环境,亦较耐寒;适应性强,不择土壤,既耐水湿,亦耐旱,在盐碱地也能生长;在北方需保护越冬。
【繁殖栽培】以分株繁殖为主,早春挖取带幼芽的根茎分段移栽;也可用播种、扦插繁殖。
【园林应用】花叶芦竹茎秆挺拔,叶片似竹,花白秀丽,是园林水景布置的良好材料。常成片植于河旁、湖边、池沼地,主要用于水景园背景材料,也可点缀于桥、亭、榭四周及驳岸、山石处,也可盆栽用于庭院观赏。

植株

叶

水烛

【学名】*Typha angustifolia* Linn.
【别名】狭叶香蒲、蒲草、水蜡烛
【科属】香蒲科・香蒲属

【识别特征】多年生挺水型草本植物，高约 2 m。叶片扁平，狭长线形，中部以下腹面微凹，背面向下逐渐隆起，叶鞘有白色膜质边缘。穗状花序的雄花和雌花不相连，雄花序较长，雌花序圆柱形，红褐色，似蜡烛状。花期 6—7 月，果期 8—9 月。

【产地与习性】原产于我国，几乎遍布全国各地。阳性植物，喜阳光充足、温暖湿润的环境，生长适温 15 ~35 ℃，不耐寒；10 ℃以上萌芽，5 ℃以下地上部枯萎；生长旺盛，适应性强，病虫害少；对土壤要求不高，有一定的抗污染能力；根茎萌发的新株，具较强的破土穿透力，短期内即能形成植株丛。

【繁殖栽培】采用分株或根植法繁殖。

【园林应用】水烛适应性强，生长健壮，枝密葱郁，叶片修长，花序奇特可爱，适宜丛植于池塘边缘和河岸浅水处，作后景屏障，勾勒河沿岸线；蜡烛状花序充满夏日风情，常用作插花材料，也是重要的药用植物。

植株

花

慈姑

【学名】*Sagittaria trifolia* var. *sinensis*

【别名】华夏慈姑

【科属】泽泻科 · 慈姑属

【识别特征】多年生挺水型草本植物，高约 1.2 m。地下具根茎，先端形成球茎，表面附薄膜质鳞片，端部有较长的顶芽。叶片着生基部，出水成剑形，叶片箭头状，全缘，叶柄较长，中空；沉水叶多呈线状。花茎直立，多单生，上部着生轮生状圆锥花序，小花单性同株或杂性同株，白色，不易结实。花期 7—9 月。

花

【产地与习性】原产于我国，南北各省区均有栽培；广布于亚洲热带、亚热带地区，欧洲多用于观赏。我国、日本、印度和朝鲜用于蔬菜。具很强的适应性，在各种水面的浅水区均能生长，但要求光照充足、气候温和、背风的环境，喜生长于土壤肥沃、土层不太深的黏土上；风雨易造成叶茎折断、球茎生长受阻。

【繁殖栽培】采用球茎繁殖。

【园林应用】慈姑叶片宽大翠绿，叶形奇特，是优良的水生观叶植物。可片植于湖泊、溪流浅水处；球茎可作蔬菜食用。

植株

叶

泽薹草

【学名】*Caldesia parnassifolia*（Bassi ex Linn.）Parl.

【别名】泽苔草、圆叶泽泻

【科属】泽泻科 · 泽苔草属

【识别特征】多年生水生草本，根状茎粗壮、横走，高 10～60 cm，不明显的三棱形，叶基生，卵形或椭圆形，先端钝圆，基部心形，叶脉 9～15 条。圆锥花序。花两性，花瓣白色，雄蕊 6，心皮 5～10。花果期 5—10 月。

【产地与习性】产于黑龙江、内蒙古、江苏、云南等地。列入《世界自然保护联盟濒危物种红色名录》（IUCN）——近危（NT）。喜生长于土壤肥沃、土层不太深的黏土中。

花

植株

【繁殖栽培】采用播种繁殖。

【园林应用】叶大翠绿，叶形奇特，花色白色，十分淡雅，是优良的水生观叶植物。

4.1.2　浮水植物

睡莲

【学名】*Nymphaea tetragona* Georgi

【别名】水百合、子午莲

【科属】睡莲科·睡莲属

【识别特征】宿根浮叶型草本植物；根状茎粗短，具黑色细花，横生于淤泥中。叶丛生，卵圆形，全缘，具细长叶柄，浮于水面；叶面深绿色，有光泽。花期5—7月，花单生于细长的花梗顶端，浮于或高于水面；花瓣多数，花色有红、粉红、黄、白、蓝等色，白天开放，夜间闭合。果期9—10月，聚合果球形，种子多数，椭圆形，黑色。

花

花

花

花

【产地与习性】原产于美洲和亚洲东部，我国各地多有栽培。阳性，喜光，不耐阴；喜温暖湿润气候，亦耐寒；喜阳光充足和通风良好的环境，在荫蔽处长势较弱，不易开花；对土壤要求不严，但喜富含有机质的黏土；植株正常生长水深为20～40 cm。

【繁殖栽培】通常采用分株繁殖，将有根芽的根茎栽种于泥土中；也可播种繁殖，在3—4月进行。

【园林应用】睡莲叶浮水面，圆润青翠，花色丰富，绚丽多彩，为花叶俱美的水生观赏植物。适宜于布置水景园或盆栽观赏，亦可剪取花枝用于插花；全株可入药，根状茎、种子含淀粉，可供食用或酿酒。

萍蓬草

【学名】 *Nuphar pumila*（Timm）DC.

【别名】 黄金莲、萍蓬莲

【科属】 睡莲科·萍蓬草属

【识别特征】 多年水生草本，叶纸质，宽卵形或卵形，少数椭圆形，长 6～17 cm，宽 6～12 cm，先端圆钝，基部心形。花单生，直径 1～5 cm；花梗有柔毛。浆果卵形，长约 3 cm；种子矩圆形，长 5 mm，褐色。花期 5—7 月，果期 7—9 月。

【产地与习性】 分布于我国、俄罗斯、日本、欧洲北部及中部；我国分布于黑龙江、吉林、河北、江苏、浙江、江西、福建和广东。性喜水湿温暖和阳光照射的环境，自然生在湖泊、沼泽之中。对土壤要求不严，一般的轻黏性土壤最适宜。萍蓬草很耐寒。

【繁殖栽培】 通常采用分根茎的方法进行无性繁殖。

【园林应用】 萍蓬草根状茎可食用，又可药用，以全草、种子、根茎入药。全草：劳伤虚损，阴虚发热，盗汗，外敷刀伤。种子：脾虚食少，月经不调。根茎：脾虚食入难消，阴虚咳嗽、盗汗，血瘀月经不调等。园林观赏方面，浮叶马蹄形，表面油绿光亮，背面紫红色，密被茸毛，较为美丽。夏季开花，花朵金黄鲜艳。极具观赏价值。

叶片　花

植株　花

4.1.3 漂浮植物

凤眼莲

【学名】*Eichhornia crassipes* (Mart.) Solms.
【别名】水浮莲、水葫芦、凤眼蓝
【科属】雨久花科 · 凤眼莲属
【识别特征】多年生漂浮型草本植物。须根发达,悬垂水中;茎极短,具匍匐枝。叶直立,丛生在短缩茎的顶端,卵形至肾圆形,叶柄中下部膨大成葫芦状的气囊。花茎单生,穗状花序,有花6~12朵;花瓣6枚,蓝紫色,上面的花瓣较大,在花瓣的中心有一明显的鲜黄点,形如凤眼,故而得名。花果期7—9月,蒴果卵形,种子有棱,在水中成熟。
【产地与习性】原产于巴西;现广布于我国长江、黄河流域及华南各省区。喜欢温暖湿润、阳光充足的环境,适应性很强,具有一定的耐寒能力。
【繁殖栽培】常用分株繁殖,在6—7月只要将芽株投入水中即能生根蔓生。
【园林应用】凤眼莲在生长适宜区,常由于过度繁殖,阻塞水道,影响交通。目前亦被列入世界百大外来入侵种之一。全草为家畜、家禽饲料;嫩叶及叶柄可作蔬菜。全株也可供药用,有清凉解毒、除湿祛风热以及外敷热疮等功效。

植株

花

茎

花

田字苹

【学名】*Marsilea quadrifolia* L.

【别名】四叶苹、蘋

【科属】苹科 · 苹属

【识别特征】根状茎匍匐细长，横走，分枝，顶端有淡棕色毛，茎节远离，向上出一叶或数叶。叶柄长 20 ~ 30 cm，叶由 4 片倒三角形的小叶组成，呈"十"字形，外缘半圆形，两侧截形，叶脉扇形分叉，网状，网眼狭长，无毛。

植株

叶

【产地与习性】分布于我国长江以南各地；世界热带至温暖地区也有分布。喜生于水田、池塘或沼泽地中。幼年期沉水，成熟时浮水、挺水或陆生，在孢子果发育阶段需要挺水。传播体为孢子果，可在泥中靠水扩散。

【繁殖栽培】常用分株繁殖。

【园林应用】田字苹生长繁殖迅速，整体形态美观，可在水景园林浅水、沼泽地中成片种植。

4.1.4 沉水植物

狐尾藻

【学名】*Myriophyllum verticillatum* Linn.

【别名】粉绿狐尾藻、绿凤尾

【科属】小二仙草科 · 狐尾藻属

【识别特征】多年生沉水或挺水草本。根状茎发达，在水底泥中蔓延，节部生根。茎圆柱形，长 20 ~ 40 cm，多分枝。叶通常 4 片轮生，或 3 ~ 5 片轮生；水中叶较长，长 4 ~ 5 cm，丝状全裂；裂片较宽。秋季于叶腋生出棍棒状冬芽而越冬。花单性，雌雄同株或杂性、单生于水上叶腋内，每轮具 4 朵花。花期 6 月。

【产地与习性】为世界广布种，我国南北各地池塘、河沟、沼泽中常有生长。喜无日光直射的明亮之处，其性喜温暖，较耐低温，在 16 ~ 26 ℃的温度范围内生长较好，越冬温度不宜低于 4 ℃。

【繁殖栽培】常用分株繁殖。

【园林应用】狐尾藻叶色翠绿，小巧精致，可片植于岸边浅水处，亦可用水族箱栽培观赏。对水体中磷的吸收能力较强，现多用于富营养化水体的生态修复。

植株

植株

4.2 特型植物

在园林植物中,苏铁科、棕榈科、龙舌兰科植物的内部构造与外部形态比较特殊,茎干没有形成,叶片大而美观,这类植物在园林中受到了广泛喜爱,很多种类已经成了优良的绿化树种,也有不少可作为盆栽观叶应用;蝶形花科的龙爪槐、桫椤科的羽毛风,通常采用嫁接繁殖,形成特殊的形态,既不是乔木型,也不是灌木型。上述这些植物园林绿化美化效果甚好,因此深受人们的喜欢。本书将此类植物归类为特型植物,供大家查找和应用。

苏铁

苏铁

植株

【学名】 *Cycas revoluta* Thunb.

【别名】 铁树、凤尾蕉、避火蕉

【科属】 苏铁科 · 苏铁属

【识别特征】 常绿棕榈状乔木,茎干粗短,圆柱形,一般不分枝。营养叶羽状全裂,裂片线形宽 4 ~7 mm,厚革质而坚硬,边缘显著反卷。花期 6—8 月,雌雄异株,花单生枝顶;雄球花长圆柱形,小孢子叶木质,扁平鳞片状或盾形,螺旋状排列,背面着生数个药囊,雌球花略呈扁球形,大孢子叶宽卵形,有羽状裂,密被黄褐色绒毛。种子 10 月成熟,卵形,微扁,橘红色,长 2 ~4 cm。

【产地与习性】 原产于福建、台湾、广东;印度、菲律宾也有分布。光中性,喜光又耐阴;喜温暖湿润气候,耐寒性差,易受冻害;生长缓慢,寿命可达 200 年以上。在原产地栽培,10 余年后则每年能开花结果。

【繁殖栽培】 常用播种、分蘖方法繁殖。

【园林应用】 苏铁为现今世界上生存最古老的植物之一,其形态优美,有反映热带风光的观赏效果。常对植于庭院大门两侧,孤植、丛植于花坛中心或开阔的草坪内,也可盆栽布置大厅、走廊、会场等,供室内装饰与观赏。南方可露地栽植,北方以盆栽为主。

雄球花

雌球花

植株

种子

鳞秕泽米铁

鳞秕泽米铁

【学名】*Zamia furfuracea* L. f.
【别名】南美苏铁、墨西哥苏铁
【科属】泽米铁科 · 泽米铁属
【识别特征】常绿灌木，主干高 15 ~ 30 cm，单干或有分枝，表面密布暗褐色叶痕。叶为大型偶数羽状复叶，丛生于茎顶，硬革质，羽状小叶 7 ~ 12 对，小叶长椭圆形，两侧不等，叶背可见明显突起的平行脉。雌雄异株，雄花序松球状，雌花序掌状。
【产地与习性】原产于墨西哥东部，我国引种栽培。鳞秕泽米铁性喜阳，在温暖湿润和通风良好的环境下生长良好，耐寒，喜疏松肥沃的土壤，怕积水。生长缓慢。

叶

植株

【繁殖栽培】播种、分株繁殖。

【园林应用】鳞秕泽米铁株形优美，可丛植点缀草坪，多应用于盆栽观赏。

蒲葵

蒲葵

【学名】*Livistona chinensis* (Jacq.) R. Br. ex Mart.

【别名】扇叶葵、华南蒲葵、扁叶葵

【科属】棕榈科 · 蒲葵属

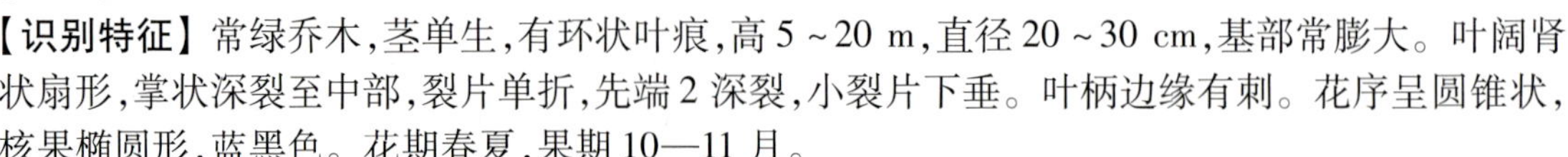

【识别特征】常绿乔木，茎单生，有环状叶痕，高 5 ~ 20 m，直径 20 ~ 30 cm，基部常膨大。叶阔肾状扇形，掌状深裂至中部，裂片单折，先端 2 深裂，小裂片下垂。叶柄边缘有刺。花序呈圆锥状，核果椭圆形，蓝黑色。花期春夏，果期 10—11 月。

【产地与习性】产于我国南部；中南半岛有分布。蒲葵喜温暖湿润的气候条件，不耐旱，能耐短期水涝，惧怕北方烈日曝晒。在肥沃、湿润、有机质丰富的土壤里生长良好。

【繁殖栽培】蒲葵均由播种繁殖，萌发率可达 100%。

【园林应用】庭园常见栽培，可列植、丛植、孤植造景，也可盆栽观赏。

植株

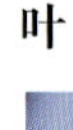

叶

大丝葵

大丝葵

【学名】*Washingtonia robusta* H. Wendl.

【别名】华盛顿葵、老人葵、华盛顿椰子

【科属】棕榈科 · 丝葵属

【识别特征】常绿乔木，树干粗壮通直，茎基部膨大，高度可达 18 ~ 27 m，幼树叶裂片边缘具丝状纤维，随着树龄成长而消失，叶柄边缘红褐色，密被粗壮钩刺。

【产地与习性】原产于墨西哥西北部，我国南方、西南方有引种栽培。喜温暖湿润的环境，且耐热、耐寒性均。对土质要求不严，耐盐碱、贫瘠。地下水位过高易引起烂根。

【繁殖栽培】播种繁殖，宜随采随播、点播。

【园林应用】主干通直，叶大如扇，白丝缕缕，适宜作庭荫树、行道树，孤植、丛植、群植、列植均可。

植株

树形

叶片

棕榈

棕榈

【学名】*Trachycarpus fortunei*（Hook.）H. Wendl.
【别名】棕树、山棕
【科属】棕榈科・棕榈属
【识别特征】常绿乔木，高约 10 m。茎单生，圆柱形，叶圆扇形，掌状全裂，革质，坚硬，边缘具细锯齿和网状纤维。雌雄异株，圆锥花序，花期 4—5 月。核果肾形，10—11 月成熟，蓝黑色，被白粉。

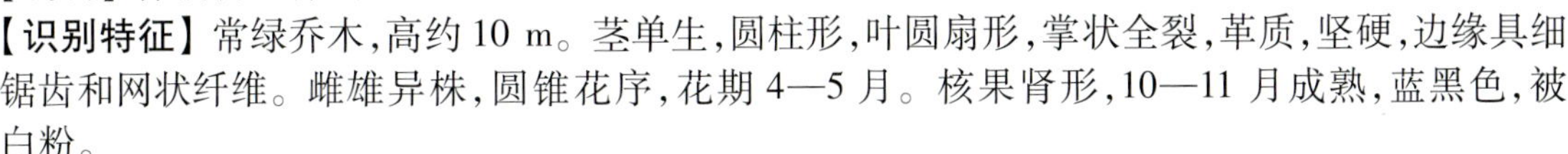

【产地与习性】主要分布于陕西南部以南各省区；日本、印度、缅甸也有分布。喜光，稍耐阴，喜温暖湿润气候，亦较耐寒，无主根，须根发达，生长缓慢，耐干旱，耐轻度盐碱，忌水涝，对多种有害气体有抗性。
【繁殖栽培】采用播种繁殖。

叶片

果实

花序

树形

【园林应用】棕榈挺拔秀丽,端庄质朴,呈现南国风韵;可对植、列植于庭前、路边,或孤植、群植于池边、林缘,亦可盆栽作室内装饰与布置会场。棕榈对多种有害气体有较强的抵抗和吸收能力,故可在污染区大面积栽植,具有美化、净化双重作用。

棕竹

棕竹

【学名】*Rhapis excelsa* (Thunb.) Henry ex Rehd.

【别名】观音竹、筋头竹

【科属】棕榈科 · 棕竹属

【识别特征】常绿丛生灌木,高 2 ~ 3 m,茎干直立、圆柱形,有节,直径 1.5 ~ 3 cm,茎纤细如手指,不分枝,有叶节,上部被叶鞘,但分解成黑褐色稍松散的粗糙而硬的网状纤维。叶掌状深裂,裂片 4 ~ 10 片,裂片不均等,具 2 ~ 5 条肋脉,边缘及肋脉上具稍锐利的锯齿。肉穗花序腋生,长约 30 cm,花小,淡黄色,极多,单性,雌雄异株。果实球状倒卵形,直径 8 ~ 10 mm。种子球形,胚位于种脊对面近基部。花期 5—7 月,果期 10—12 月。

【产地与习性】原产于我国南部至西南部;日本有分布。树形优美,为常见的栽培植物。性喜温暖、湿润及通风良好的半阴环境,夏季避免强光照射;最佳适宜温度 15 ~ 30 ℃,稍耐寒;要求疏松肥沃的酸性土壤,不耐瘠薄与盐碱。

植株

花序

【繁殖栽培】棕竹可用播种和分株繁殖。

【园林应用】栽培使用广泛,可作为庭荫树、盆景、花坛、室内布置等。

鱼尾葵

鱼尾葵

【学名】*Caryota maxima* Blume ex Mart.

【别名】假桄榔、青棕

【科属】棕榈科・鱼尾葵属

【识别特征】乔木,高可达20 m。茎单生,绿色,表面被白色的毡状绒毛,具环状叶痕。叶长3~4 m,幼叶近革质,老叶厚革质;羽片长15~30 cm,楔形,先端2~3裂,似鱼尾。肉穗花序,黄色。果实球形,成熟时淡红色或紫红色,直径1.5~2 cm。

【产地与习性】产于福建、广东、海南、广西、云南等地,亚热带地区分布。喜疏松、肥沃、富含腐殖质的中性土壤,不耐盐碱,也不耐强酸,不耐干旱瘠薄,也不耐水涝。耐阴性强、忌阳光直射,叶面会变成黑褐色,并逐渐枯黄;夏季荫棚下养护,生长良好。

【繁殖栽培】一般多采用随采随播的方法,多年生的大株也可分株繁殖。

【园林应用】可作为庭荫树、行道树,可孤植、丛植、列植等。

花序

植株

董棕

【学名】*Caryota obtusa* Griff.

【别名】酒假桄榔、果榜

【科属】棕榈科・鱼尾葵属

【识别特征】乔木,茎单生,黑褐色,无毡状绒毛,叶长3~5 m,弓状下弯;羽片宽楔形或狭的斜楔形;果实球形至扁球形,成熟时红色。花期6—10月,果期5—10月。

【产地与习性】产于广西、云南等地;印度、斯里兰卡、缅甸至中南半岛也有分布。性喜阳光充足、高温、湿润的环境,较耐寒,生长适温20~28 ℃。约20年开一次花,开花结实后全株死亡。寿命为40~60年。

【繁殖栽培】播种繁殖。

【园林应用】优良的行道树及庭荫观赏树，多应用于公园、路边及花坛中。

叶

植株

花序

叶

加拿列海枣

【学名】*Phoenix canariensis* Chabaud

【别名】长叶刺葵、加拿利刺葵、槟榔竹

【科属】棕榈科 · 刺葵属

【识别特征】常绿乔木，高达 10 ~ 15 m。茎单生，具紧密排列的扁菱形叶痕。叶大型，长可达 6 m，呈弓状弯曲，集生于茎端；单叶羽状全裂，成树叶片的小叶有 150 ~ 200 对，形窄而刚直；叶柄基部的叶鞘残存在干茎上，形成稀疏的纤维状棕片。5—7 月开花，肉穗花序从叶间抽出，多分枝。果期 8—9 月，果实卵状球形，先端微突，成熟时橙黄色；种子椭圆形，中央具深沟，灰褐色。

【产地与习性】原产于非洲西岸的加拿利海岛；1909 年引种到我国台湾地区，1985 年前后引入我国长江以南地区栽培应用。喜光,耐半阴;喜温暖湿润气候,耐酷热,不耐寒;对土壤要求不严,耐贫瘠,耐盐碱;根系发达,抗风力强。

【繁殖栽培】采用播种繁殖。

【园林应用】加拿利海枣株形挺拔,羽片坚韧,叶绿壮旺,树形优美舒展,富有热带风韵。现在长江以南地区用于公园造景、道路绿化,孤植、列植或丛植,都有很好的观赏效果;小树也可盆栽作室内布置。

植株

果实

假槟榔

【学名】*Archontophoenix alexandrae* (F. Muell.) H. Wendl. et Drude

【别名】亚历山大椰子

【科属】棕榈科・假槟榔属

【识别特征】乔木,高达 10 ~ 25 m,树干基部略膨大。叶羽状全裂,生于茎顶,叶背面被灰白色鳞秕状物,中脉明显。呈圆锥花序生于叶鞘下,多分枝,花雌雄同株,白色。果实卵球形,熟时为红色。花期 4 月,果期 4—7 月。

【产地与习性】原产于澳大利亚,我国华南、东南和西南各地引种栽培。性喜高温、高湿和避风向阳的气候环境,在土层深厚、肥沃,排水良好和微酸性的砂壤土中生长良好,最适温度为 28 ~ 30 ℃。

【繁殖栽培】采用播种繁殖。

【园林应用】植株挺拔,树型优美,在我国南方可作行道树、庭荫树。

花序

植株

凤尾丝兰

花序

【学名】*Yucca gloriosa* Linn.
【别名】菠萝花、剑麻
【科属】龙舌兰科·丝兰属
【识别特征】常绿灌木,茎干短,少分枝,叶在短茎上密集成丛。叶梗直,宽剑形,基部簇生,长 40 ~60 cm,厚革质,先端呈坚硬刺状,表面粉绿色,缘具疏齿。花期 9—10 月(个体差异较大,少量植株 5—6 月开花),大型圆锥花序自叶丛中抽出,花梗粗壮而直立,高达 1 m 以上,花自下而上次第开放,乳白色,具六棱。蒴果,长圆状卵圆形,长 5 ~6 cm,不开裂。
【产地与习性】原产于美国东部,现我国长江流域各地多有栽培。阳性植物,喜光,生命力强,耐干旱瘠薄,耐寒;喜排水良好的砂壤土,对酸碱度适应范围广;对有毒气体抗性较强。
【繁殖栽培】常用播种、分株及扦插繁殖。
【园林应用】凤尾丝兰叶形似剑,花茎挺立,花白如玉,富有幽香,为花叶俱佳的观赏花木。在庭院中宜丛栽于花坛中心、草坪角隅、树丛边缘或假山石边,与棕榈配植或作花草之背景,颇具特色。因其叶坚硬锋利,不宜栽植于路边,以免儿童触碰刺伤。

植株

花序

花序

花瓣

植株

龙爪槐

【学名】*Styphnolobium japonicum* f. *pendulum* (Lodd. ex Sweet) H. Ohashi

【别名】盘槐

【科属】豆科(蝶形花科)·槐属

【识别特征】为槐树的栽培变种,树冠呈伞形;小枝绿色,有明显皮孔,枝条弯曲下垂,颇似龙爪,故而得名。叶形与槐树相似,奇数羽状复叶,互生;小叶对生,卵状披针形,表面深绿色,背面淡绿色。花期6—7月,穗状圆锥花序顶生,花蝶形,白色。荚果于种子间缢缩成念珠状,肉质,10月成熟。

【产地与习性】北自辽宁,南至广东,东自山东,西至甘肃、四川、云南均有栽植。阳性植物,喜光,耐寒;深根性,适应性强,耐干旱瘠薄,但在多风、低洼处生长不良;耐烟尘,抗性较强。

【繁殖栽培】采用槐树高位嫁接,多用枝接或方块芽接。

【园林应用】龙爪槐枝条盘曲下垂,树姿独特优美,可作装饰性树种,常对植于出入口处、建筑物前或丛植于庭园及草坪边缘。

花

叶

5 草本园林植物

草本植物在形态和生长习性上与木本植物有很大的区别。它们没有木质部和形成层,不能逐年增粗,因而茎秆细弱,植株矮小,多为地被植物。在分类上依据草本植物的生态特性与生活习性的不同,一般分为一二年生花卉、球根花卉、宿根花卉和草坪植物。本书又根据目前园林栽培应用的实际情况,具体分为一二年生花卉、多年生球根花卉、多年生宿根花卉、多年生常绿草本、多年生草坪草、室内观赏植物六个类别。

5.1 一二年生花卉

一年生花卉是指在一个生长季内完成全部生活史的花卉。一般春季播种,夏季开花结实,入冬前死亡,故又称春播花卉。

二年生花卉是指在两个生长季完成生活史的花卉。一般在秋季播种后第一年仅形成营养器官,次年春夏季开花结实而后死亡,故又称为秋播花卉。

本节包括一年生花卉、二年生花卉和部分宿根花卉(在目前园林应用中常作为一二年生花卉应用)。

金莲花

【学名】*Trollius chinensis* Bunge

【别名】旱金莲、旱地莲

【科属】毛茛科 · 旱金莲属

【花期】6—9 月

【花色】橙黄色、橘红色

【产地与习性】分布于山西、河南北部、河北、内蒙古东部、辽宁和吉林西部。生于海拔 1000 ~ 2200 m 山地草坡或疏林下。喜冷凉湿润环境,多生长在海拔 1800 m 以上的高山草甸或疏林地带。金莲花耐寒,常年生存在 2 ~ 15 ℃。

金莲花

飞燕草

飞燕草

【学名】*Consolida ajacis*（Linn.）Schur

【别名】大花飞燕草

【科属】毛茛科·飞燕草属

【花期】6—8月

【花色】紫红、红、粉红、粉白、堇蓝等色

【产地与习性】原产于欧洲南部，宿根花卉，常作一二年生栽培。喜光、稍能耐阴，生长期可在半阴处，花期需充足阳光。喜肥沃、湿润、排水良好的酸性土，也能耐旱和稍耐水温，pH值以5.5～6.0为佳。

虞美人

【学名】*Papaver rhoeas* Linn.

【别名】丽春花、赛美人

【科属】罂粟科·罂粟属

【花期】5—6月

【花色】鲜红、绯红、浅粉、白等色

【产地与习性】原产于欧洲、亚洲及北美，一二年生花卉。阳性，喜阳光充足及通风良好的环境，耐寒；喜疏松肥沃、排水良好的砂壤土；直根系，不耐移植。

植株

植株

花

果实

石竹

【学名】*Dianthus chinensis* Linn.
【别名】洛阳花、中国石竹
【科属】石竹科·石竹属
【花期】5—7月
【花色】紫红色、红色、粉色、白色、复色
【产地与习性】原产我国北方,现南北普遍生长。宿根花卉,常作一二年生栽培。其性耐寒、耐干旱,不耐酷暑,夏季多生长不良或枯萎,栽培时应注意遮阴降温。喜阳光充足、干燥,通风及凉爽湿润气候。要求肥沃、疏松、排水良好及含石灰质的壤土或砂壤土,忌水涝,好肥。

石竹

石竹

紫茉莉

【学名】*Mirabilis jalapa* Linn.
【别名】胭脂花、粉豆花
【科属】紫茉莉科·紫茉莉属
【花期】6—10月
【花色】紫红色、桃红色、黄色、白色
【产地与习性】原产南美热带地区,宿根花卉,常作一年生栽培。中性,喜光,耐半阴;喜温和湿润的气候,不耐寒,在江南地区地下部分可安全越冬而成为宿根草本;要求土层深厚,疏松肥沃的壤土。

花

花

果实

三色堇

【学名】*Viola tricolor* Linn.
【别名】蝴蝶花、猫脸花
【科属】堇菜科 · 堇菜属
【花期】3—6 月
【花色】紫、红、橙、黄、蓝、白等色
【产地与习性】原产于北欧，二年生花卉，园艺品种多。光中性，耐半阴，较耐寒，喜凉爽，喜阳光，在昼温 15 ~ 25 ℃、夜温 3 ~ 5 ℃的条件下发育良好。忌高温和积水，耐寒抗霜，昼温若连续在 30 ℃以上，则花芽消失，或不形成花瓣；昼温持续 25 ℃时，只开花不结实。喜生长于疏松，肥沃、湿润而排水良好的砂质壤土中。

三色堇

三色堇

三色堇

三色堇

角堇

【学名】*Viola cornuta* L.
【别名】小三色堇
【科属】堇菜科 · 堇菜属
【花期】3—4 月
【花色】紫、黄、蓝、白等色
【产地与习性】原产于西班牙和比利牛斯山脉。现世界各地均有栽培。喜光，适度耐阴，开花对日照长度不敏感，但短日照可以促发分枝。喜凉爽环境，忌高温，耐寒性强。日照不良，开花不佳。

角堇

紫罗兰

紫罗兰

【学名】*Matthiola incana*（L.）W. T. Aiton
【别名】草桂花
【科属】十字花科・紫罗兰属
【花期】4—6 月
【花色】紫红色、淡紫色、桃红色、奶白色
【产地与习性】原产于欧洲地中海沿岸，二年生花卉。中性，喜光，稍耐阴；喜冷凉气候，冬季能耐-5 ℃低温，忌燥热，夏季高温易导致植株莲座化；要求深厚、肥沃、湿润及排水良好的土壤。

羽衣甘蓝

【学名】*Brassica oleracea* var. *acephala* DC.
【别名】绿叶甘蓝、牡丹菜
【科属】十字花科・芸薹属
【观叶期与叶色】12 月—翌年 3 月，紫红色、桃红色、黄绿色、乳白色
【花期与花色】4 月抽薹开花，金黄色、黄色、橙黄色
【产地与习性】原产于北欧西南部，二年生花卉，以观叶为主。阳性，喜阳光充足、凉爽的环境，耐寒；宜疏松肥沃、排水良好的土壤，极喜肥。

羽衣甘蓝

羽衣甘蓝

羽衣甘蓝

羽衣甘蓝

欧洲报春

【学名】*Primula vulgaris* Hill
【别名】西洋樱草
【科属】报春花科·报春花属
【花期】12 月至翌年 3 月
【花色】紫红、粉红、黄、白、杂色等色
【产地与习性】原产于欧洲,宿根花卉,常作一二年生栽培。阳性,性喜温凉,湿润的环境,不耐高温和强直射光,也不耐严寒。喜排水良好富含腐殖质的土壤。

欧洲报春

欧洲报春

欧洲报春

欧洲报春

羽扇豆

【学名】*Lupinus micranthus* Guss.
【别名】鲁冰花
【科属】豆科·羽扇豆属
【花期】5—6 月
【花色】紫红色、粉红色、橙色、蓝色、白色
【产地与习性】原产于地中海区域。多生长于沙地的温带地区,一年生花卉。中性,喜光,耐半阴;喜冷爽气候,忌炎热;要求酸性土壤,是酸性土的指示植物;直根性,难移植。

植株

花

长春花

【学名】 *Catharanthus roseus* (Linn.) G. Don

【别名】 四时春

【科属】 夹竹桃科 · 长春花属

【花期】 7—10 月

【花色】 蓝紫色、粉红色、白色

【产地与习性】 原产于地中海沿岸、印度、热带美洲。性喜高温、高湿、耐半阴,不耐严寒,最适宜温度为 20 ~ 33 ℃,喜阳光,忌湿怕涝,一般土壤均可栽培,但盐碱土壤不宜,以排水良好、通风透气的砂质或富含腐殖质的土壤为好。

植株

花

美女樱

【学名】 *Verbena hybrida* Groenl. & Rumpler

【别名】 草五色梅、铺地马鞭草

【科属】 马鞭草科 · 马鞭草属

【花期】 4—11 月

【花色】 玫红色、粉红色、紫色、蓝色、复色

【产地与习性】 原产于巴西、秘鲁、乌拉圭等地,现我国各地均有应用,多年生宿根花卉作一二年生栽培。阳性,喜光,不耐阴,较耐寒;喜疏松、肥沃的土壤,不耐旱;在炎热夏季能正常开花,但

影响开花质量。

美女樱

美女樱

矮牵牛

【学名】*Petunia* × *atkinsiana* (Sweet) D. Don ex W. H. Baxter
【别名】碧冬茄、番薯花
【科属】茄科 · 碧冬茄属
【花期】4—10 月
【花色】紫红、红、粉红、蓝、乳白、杂色等色

矮牵牛

矮牵牛

矮牵牛

矮牵牛

【产地与习性】本种是一个杂交种,在世界各国花园中普遍栽培。属宿根花卉,常作一二年生栽培应用。阳性,喜光,喜温暖,不耐寒;适应性强,耐干旱瘠薄,忌积水;土壤过肥,则生长过旺致使枝条徒长。

花烟草

【学名】*Nicotiana alata* Link et Otto
【别名】大花烟草
【科属】茄科·烟草属
【花期】6—9 月
【花色】紫色、紫红色、外紫内白色
【产地与习性】原产于阿根廷和巴西,宿根花卉,常作一二年生栽培。喜温暖、向阳环境,不耐寒,较耐热。以疏松、肥沃、排水良好的土壤为宜;花期夏季,花有白天闭合、夜间开放之习性。

花烟草

千日红

【学名】*Gomphrena globosa* L.
【别名】火球花、百日红
【科属】苋科·千日红属
【花期】7—10 月
【花色】紫红色、粉红色、白色
【产地与习性】原产于亚洲、热带美洲,是热带和亚热带地区常见花卉,我国长江以南普遍种植。一年生花卉,性喜阳光,生性强健,早生,耐干热、耐旱、不耐寒、怕积水,喜疏松肥沃土壤,生长适温为 20 ~ 25 ℃,在 35 ~ 40 ℃范围内生长也良好,冬季温度低于 10 ℃以下植株生长不良或受冻害。要求疏松、肥沃的土壤,较耐干旱,不耐积水。

千日红

千日红

鸡冠花

【学名】*Celosia cristata* L.
【别名】鸡公花、鸡冠头
【科属】苋科·青葙属
【花期】6—10 月

【花色】紫红色、粉色、橙色、黄色

【产地与习性】原产于印度，我国大部分地区均有栽培。一年生花卉，阳性，喜光，喜炎热和空气干燥，不耐寒，遇霜冻即枯亡；宜疏松而肥沃的土壤，喜肥，不耐瘠薄。

植株

花

凤尾鸡冠花

【学名】*Celosia cristata* ‘Plumosa’

【别名】鸡冠苋

【科属】苋科 · 青葙属

【花期】6—10 月

【花色】紫红色、红色、橙色、黄色

【产地与习性】原产于印度及亚热带地区，一年生花卉。花性喜阳光，耐贫瘠，怕积水，不耐寒，在高温干燥的气候条件下生长良好。宜疏松而肥沃的土壤，喜肥，不耐瘠薄。

植株

花

彩叶草

彩叶草

【学名】*Coleus scutellarioides*（L.）Benth.

【别名】五彩苏

【科属】唇形科 · 鞘蕊花属

【观叶期与叶色】3—10 月，紫红色、桃红色、黄绿色、乳白色、复色

【**花期与花色**】7—9 月，紫红色、红色、粉色、杂色

【**产地与习性**】原产于东南亚，宿根花卉，常作一二年生栽培。中性，喜光，稍耐阴，光线充足能使叶色鲜艳；喜温暖气候，冬季温度不低于 10 ℃，夏季高温时稍加遮阴。

彩叶草

彩叶草

彩叶草

彩叶草

一串红

一串红

【**学名**】*Salvia splendens* Sellow ex Wied ~ Neuw.

【**别名**】西洋红、爆仗红

【**科属**】唇形科 · 鼠尾草属

【**花期**】4—10 月

【**花色**】鲜红、绯红、紫、白等色

【**产地与习性**】原产于巴西，我国各地广泛栽培。宿根花卉，常作一二年生栽培应用。中性，喜光，耐半阴；喜温暖湿润的气候，不耐霜寒，生长适温 20 ~ 25 ℃；其矮性品种，抗热性差，对高温阴雨特别敏感；喜疏松、肥沃、排水良好、中性至弱碱性土壤。

一串红

一串红

一串红

蓝花鼠尾草

蓝花鼠尾草

蓝花鼠尾草

【学名】*Salvia farinacea* Benth.
【别名】一串兰
【科属】唇形科 · 鼠尾草属
【花期】4—10 月
【花色】蓝色

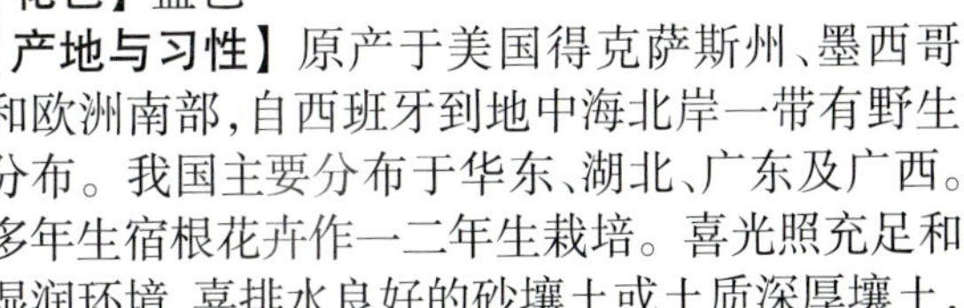

【产地与习性】原产于美国得克萨斯州、墨西哥和欧洲南部，自西班牙到地中海北岸一带有野生分布。我国主要分布于华东、湖北、广东及广西。多年生宿根花卉作一二年生栽培。喜光照充足和湿润环境，喜排水良好的砂壤土或土质深厚壤土，但一般土壤均可生长，耐旱性好，耐寒性较强，可耐-15 ℃的低温，怕炎热、干燥。

夏堇

【学名】*Torenia fournieri* Linden. ex Fourn.
【别名】蓝猪耳
【科属】玄参科 · 蝴蝶草属
【花期】6—9 月
【花色】蓝紫色、粉红色、白色
【产地与习性】原产于我国华南及东南亚，一二年生花卉。中性，喜光，喜温暖湿润环境，不耐寒；适应性较强，不畏炎热，以排水良好的中性或微碱性土壤为宜。

花

植株

金鱼草

【学名】*Antirrhinum majus* Linn.
【别名】龙头花、洋彩雀
【科属】玄参科 · 金鱼草属
【花期】5—6月
【花色】紫红色、粉色、黄色、橙色、白色
【产地与习性】原产于地中海沿岸及北非，世界各地有栽培。宿根直立性花卉，常作一二年生栽培。光中性，较耐寒，不耐热；喜阳光，也耐半阴；喜肥沃、疏松和排水良好的微酸性砂壤土；对光照长短反应不敏感；生长适温16～26 ℃。

植株

花序

毛地黄

【学名】*Digitalis purpurea* Linn.
【别名】洋地黄
【科属】玄参科 · 毛地黄属
【花期】5—6月
【花色】紫色、红色、粉色、黄色、白色
【产地与习性】原产于欧洲及亚洲西部，我国各地有栽培，宿根直立性花卉，常作二年生栽培。中性，喜光，耐半阴；较耐寒、较耐干旱、忌炎热、耐瘠薄土壤。喜阳且耐阴，适宜在湿润而排水良好的土壤上生长。

花序

叶

花序

凤仙花

【学名】*Impatiens balsamina* Linn.
【别名】指甲花、急性子
【科属】凤仙花科 · 凤仙花属
【花期】6—9 月
【花色】紫色、红色、粉色、白色、杂色
【产地与习性】原产于我国南部、印度、马来西亚，一年生花卉。性喜阳光，怕湿，耐热不耐寒。喜向阳的地势和疏松肥沃的土壤，在较贫瘠的土壤中也可生长。适应性强，撒落在地的种子可自生自长，移植易成活，生长迅速。

凤仙花

凤仙花

凤仙花

凤仙花

四季秋海棠

【学名】*Begonia cucullata* Willd.
【别名】四季海棠
【科属】秋海棠科 · 秋海棠属
【花期】3—12 月
【花色】红色、粉色、白色
【产地与习性】原产于巴西热带低纬度高海拔地区树林下的潮湿地，多年生宿根花卉作一二年生栽培。喜生于微酸性砂壤土中，喜空气湿度大的环境。喜温暖而凉爽的气候，最适宜生长温度 15 ~ 24 ℃，既怕高温，也怕严寒；喜散射光，而怕盛夏中午强光直射。因其花期较长，是目前园林中较受欢迎的花坛花卉品种之一。

植株

花

醉蝶花

【学名】 *Cleome hassleriana* Chodat
【别名】 西洋白花菜、凤蝶草
【科属】 山柑科 · 白花菜属
【花期】 6—10 月
【花色】 紫红色、粉红色、白色
【产地与习性】 原产于南美热带地区，全球热带至温带栽培以供观赏，也是一种优良的蜜源植物，一年生花卉。适应性强。性喜高温，较耐暑热，忌寒冷。喜阳光充足地，半遮阴地亦能生长良好。对土壤要求不苛刻，一般肥力中等的土壤也能生长良好，黏重土或碱性土生长不良。

醉蝶花

醉蝶花

大花马齿苋

【学名】 *Portulaca grandiflora* Hook.
【别名】 半枝莲、太阳花
【科属】 马齿苋科 · 马齿苋属
【花期】 6—10 月
【花色】 紫色、红色、粉色、橙色、黄色、复色
【产地与习性】 原产于南美、巴西、阿根廷等地，我国各地均有栽培。一年生肉质花卉。阳性，喜阳光充足、温暖、干燥的环境。在阴暗潮湿之处生长不良；见阳光花开，早、晚、阴天闭合，故而得名太阳花。极耐瘠薄，一般土壤都能适应，对排水良好的砂质壤土特别钟爱。

植株

花

金盏菊

金盏菊

【学名】*Calendula officinalis* Hohen.
【别名】金盏花、长生菊
【科属】菊科·金盏花属
【花期】12月—翌年5月
【花色】橙红色、黄色、浅黄色
【产地与习性】金盏菊原产于欧洲南部及地中海沿岸，一二年生花卉。光中性，喜光，稍耐阴，适应性强，耐低温，忌夏季烈日高温。要求有光照充足或轻微的荫蔽，疏松、排水良好、土壤肥沃适度的土质，有一定的耐旱力。播种或扦插繁殖，耐移植。

植株

花序

万寿菊

【学名】*Tagetes erecta* Linn.
【别名】臭菊花
【科属】菊科·万寿菊属
【花期】5—10月
【花色】黄、橙、橘红、复色等色
【产地与习性】原产于美洲墨西哥，一年生花卉。中性，喜光，稍耐阴；不耐寒冷，怕湿热；适用性强，对土壤要求不严，较耐旱。

万寿菊

万寿菊

孔雀草

【学名】*Tagetes patula* Linn.
【别名】小万寿菊
【科属】菊科·万寿菊属
【花期】5—10 月
【花色】黄色、橙色、棕红色、复色
【产地与习性】原产于美洲墨西哥,我国各地庭园常有栽培。一年生花卉。喜阳光,但在半阴处栽植也能开花。对土壤要求不严。既耐移栽,又生长迅速,栽培管理又很容易。撒落在地上的种子在合适的温、湿度条件中可自生自长,是一种适应性十分强的花卉。

植株

花序

百日菊

【学名】*Zinnia elegans* Sessé & Moc.
【别名】百日草
【科属】菊科·百日菊属
【花期】6—9 月
【花色】红色、粉红色、黄色、橙色、白色
【产地与习性】原产于美洲墨西哥,著名的观赏植物,在我国各地栽培很广,一年生直立花卉。中性、喜光,耐半阴;喜温暖,不耐寒;对土壤要求不严,耐干旱瘠薄;根深茎硬不易倒伏,忌连作。

百日菊

百日菊

银叶菊

【学名】*Jacobaea maritima*（L.）Pelser & Meijden
【别名】雪叶菊
【科属】菊科 · 千里光属
【花期】6—9 月
【花色】黄色
【产地与习性】原产于欧洲南部,宿根花卉,常作一二年生栽培。中性,喜阳光充足、凉爽湿润的气候,较耐寒;在长江流域能露地越冬,不耐酷暑,高温高湿易死亡;宜疏松肥沃的砂质壤土或富含有机质的黏质土壤。

银叶菊

叶

雏菊

【学名】*Bellis perennis* Linn.
【别名】春菊、延命菊
【科属】菊科 · 雏菊属
【花期】3—5 月
【花色】红色、粉红色、浅粉色、白色
【产地与习性】原产于欧洲,我国各地庭园栽培作为花坛观赏植物。宿根花卉,常作二年生栽培应用。性喜冷凉气候,忌炎热。喜光,又耐半阴,对栽培地土壤要求不严格。种子发芽适温 22 ~ 28 ℃,生育适温 20 ~ 25 ℃。西南地区适宜种植。

雏菊

花序

天人菊

【学名】*Gaillardia pulchella* Foug.
【别名】虎皮菊、六月菊
【科属】菊科·天人菊属
【花期】6—10月
【花色】紫红色、红色、粉红色、黄色
【产地与习性】原产于北美洲，一年生花卉。中性，客光，耐半阴；不耐寒，能耐夏季炎热与干旱；宜疏松肥沃、富含腐殖质的土壤；播种和扦插繁殖。

天人菊

天人菊

勋章菊

【学名】*Gazania rigens* Moench
【别名】功章菊
【科属】菊科·勋章菊属
【花期】5—10月
【花色】红色、粉色、黄色、白色、复色
【产地与习性】原产于南非。宿根花卉，常作一二年生栽培。喜阳光，喜生长于较凉爽的地方，耐旱，耐贫瘠土壤；生长适温为15~20 ℃，冬季温度不低于5 ℃，但短时间能耐0 ℃低温，如时间长易发生冻害。勋章菊土壤选择肥沃、疏松和排水良好的砂质壤土。

勋章菊

蛇目菊

蛇目菊

【学名】*Sanvitalia procumbens* Lam.

【别名】金钱菊

【科属】菊科·蛇目菊属

【花期】6—10 月

【花色】花瓣外围金黄色、中间褐红色

【产地与习性】原产于美国中西部，一二年生花卉。中性，喜光，稍耐阴；适应性强，较耐寒；喜疏松肥沃、排水良好的中性砂质壤土。

波斯菊

【学名】*Cosmos bipinnatus* Cav.

【别名】秋英

【科属】菊科·秋英属

【花期】5—11 月

【花色】粉色、白色、黄色、洋红色

【产地与习性】原分布于美洲墨西哥，在我国栽培甚广，一年生花卉。喜温暖和阳光充足的环境，耐干旱，忌积水，不耐寒，适宜肥沃、疏松和排水良好的土壤栽植。

波斯菊

波斯菊

霍香蓟

霍香蓟

【学名】*Ageratum conyzoides* Sieber ex Steud.

【别名】胜红蓟

【科属】菊科·霍香蓟属

【花期】5—11 月

【花色】白色、淡蓝色

【产地与习性】产于美洲热带地区，现我国华南、东南、西南地区有栽培。多年生宿根花卉作一二年生栽培。阳性，喜光，喜温暖的生长环境，不耐寒；对土壤要求不高，但以疏松、排水良好的土质为宜。

5.2 多年生宿根花卉

宿根花卉是多年生草本植物的一部分，是指地下器官形态未变态成球形或块状的多年生草本花卉，在实际应用中把一些基部半木质化的亚灌木也归为此类花卉，如菊花、芍药等。常见的多年生宿根花卉如下。

芍药

【学名】*Paeonia lactiflora* Pall.

【别名】将离、离草

【科属】芍药科・芍药属

【花期】5—6 月

【花色】紫红色、粉红色、黄色、白色

【产地与习性】原产于我国北部、朝鲜、日本、蒙古、俄罗斯。在我国东北生长于海拔 480 ~ 700 m 的山坡草地及林下，在其他各省区生长于海拔 1000 ~ 2300 m 的山坡草地。芍药喜光，耐寒，在我国北方各地可以露地越冬；夏季喜冷凉气候；喜土层深厚、湿润而排水良好的壤土，在黏土和砂土上虽然可开花，但是生长不良，忌盐碱地和低洼地。以分株繁殖为主，应在秋季进行，切忌春季分株。

植株

芍药

花

蜀葵

【学名】*Alcea rosea* L.

【别名】一丈红

【科属】锦葵科・蜀葵属

【花期】5—7 月

【花色】紫红色、粉红色、粉白色

【产地与习性】原产于我国西南地区，现世界各地均有栽培，多年生宿根花卉。喜阳光充足，耐半阴，但忌涝。耐盐碱能力强，在含盐 0.6% 的土壤中仍能生长。耐寒冷，在华北地区可以安全露地越冬。在疏松肥沃、排水良好、富含有机质的砂质壤土中生长良好。

花

花

荷包牡丹

【学名】 *Lamprocapnos spectabilis*（Linn.）Fukuhara
【别名】 荷包花、蒲包花
【科属】 罂粟科 · 荷包牡丹属
【花期】 5—6 月
【花色】 粉红色、紫红色
【产地与习性】 原产于我国河北及东北各地，多年生宿根花卉。中性，生长期间喜侧方遮阴，忌阳光直射；耐寒，不耐高温；喜湿润，不耐干旱；宜栽于富含有机质的壤土，在砂土及黏土中生长不良。

花与叶

花

福禄考

【学名】 *Phlox paniculata* Linn.
【别名】 天蓝绣球
【科属】 花荵科 · 天蓝绣球属
【花期】 6—9 月
【花色】 紫色、红色、粉色、白色、复色
【产地与习性】 原产于北美洲，世界各地均有栽培。阳性，喜光，不耐荫蔽；耐寒，喜冷凉气候，忌夏季炎热多雨；宜肥沃、深厚的中性土壤，在强酸、强碱性土壤生长不良。

植株

花

羽叶薰衣草

【学名】*Lavandula pinnata* Lundmark
【别名】羽裂薰衣草
【科属】唇形科·薰衣草属
【花期】5—11月
【花色】蓝色、深紫色等
【产地与习性】原产于加拿列群岛，在世界各地普遍栽培。多年生宿根花卉。阳性，喜全日照，但夏天必须遮阴。耐热亦耐寒，但忌长期高温高湿；耐贫瘠，能耐一定的盐碱。栽培过程中要注意水分与光照的控制。

羽叶薰衣草

紫露草

【学名】*Tradescantia ohiensis* Raf.
【别名】紫叶草
【科属】鸭趾草科·紫露草属

植株

花

【花期】5—10 月
【花色】紫色
【产地与习性】原产于美洲热带地区，我国有引种栽培。多年生宿根花卉。中性，喜温湿半阴环境，夏季要注意遮阴；喜温暖湿润气候，亦较耐寒；对土壤要求不高，但以疏松、肥沃的砂质壤土为宜；喜肥，以薄肥勤施为原则。

菊花

【学名】*Chrysanthemum morifolium* Ramat.
【别名】秋菊、黄花
【花期】9—11 月
【花色】紫红色、红色、粉色、黄色、橙色、白色、复色
【产地与习性】原产于我国，是我国传统十大名花之一，现世界各地普遍栽培。中性，喜光，稍耐阴，夏季需遮烈日照射；耐寒，喜凉爽的气候，宿根能耐-30 ℃的低温；要求疏松、肥沃、排水良好的砂质壤土，忌连作，忌水涝。

菊花

菊花

菊花

菊花

松果菊

【学名】*Echinacea purpurea*（Linn.）Moench
【别名】紫锥花
【科属】菊科·松果菊属
【花期】6—7 月

【花色】铜黄色、浅褐色、紫红色、淡粉色

【产地与习性】原产于加拿大,多年生宿根花卉。喜欢光照充足、温暖的气候条件,适生温度 15～28 ℃,性强健,耐寒,耐干旱,对土壤的要求不严,在深厚、肥沃、富含腐殖质的土壤中生长。

松果菊

松果菊

大花金鸡菊

【学名】*Coreopsis grandiflora* Nutt. ex Chapm.

【别名】大花波斯菊

【科属】菊科 · 金鸡菊属

【花期】5—7 月

【花色】金黄色

【产地与习性】原产于北美洲,多年生宿根花卉。阳性,喜光,耐寒;适应性强,对土壤要求不严,耐干旱瘠薄;根部易萌蘖,有自播繁衍能力。

植株

花

玉簪

玉簪

【学名】*Hosta plantaginea* (Lam.) Aschers.

【别名】白玉簪

【科属】百合科 · 玉簪属

【花期】6—7 月

【花色】乳白色

【产地与习性】原产于我国长江流域以南地区。属于典型的阴性植物,喜阴湿环境,受强光照射则叶片变黄,生长不良。喜肥沃、湿润的砂壤土,性极耐寒,我国大部分地区均能在露地越冬。生长适宜温度为 15 ~ 25 ℃,冬季温度不低于 5 ℃。

花

植株

紫萼

【学名】*Hosta ventricosa* (Salisb.) Stearn
【别名】紫玉簪
【科属】百合科 · 玉簪属
【花期】6—7 月
【花色】淡紫色
【产地与习性】原产于我国,多地栽培。紫萼生于林下、草坡或路旁,海拔 500 ~ 2400 m。耐寒冷,性喜阴湿环境,好肥沃的壤土。

花

花

萱草

【学名】*Hemerocallis fulva* (Linn.) Linn.
【别名】忘忧草
【科属】百合科 · 萱草属
【花期】6—8 月
【花色】橙色、黄色
【产地与习性】原产于我国南部地区。适应性强,华北地区可露地越冬,喜湿润也耐旱,喜阳光又耐半阴。对土壤选择性不强,但以富含腐殖质,排水良好的湿润土壤为宜。适应在海拔 300 ~ 2500 m 生长。

萱草

萱草

萱草

萱草

百子莲

【学名】*Agapanthus africanus* Hoffmg.

【别名】蓝花君子兰、非洲百合

【科属】石蒜科・百子莲属

【花期】7—9 月

【花色】紫色、白色、复色

【产地与习性】原产于南非,我国各地多有栽培。喜温暖、湿润和阳光充足的环境。要求夏季凉爽、冬季温暖,5—10 月温度在 20 ~ 25 ℃,11 月至翌年 4 月温度在 5 ~ 12 ℃。要求疏松、肥沃的砂质壤土。

百子莲

鸢尾

【学名】*Iris tectorum* Maxim.

【别名】蓝蝴蝶

【科属】鸢尾科・鸢尾属

【花期】4—6 月

【花色】蓝紫色、蓝色、浅蓝色

鸢尾

【产地与习性】原产于我国中部及西南地区;缅甸、日本亦有分布。中性,喜光,亦耐阴;性强健,耐寒,耐干燥;不择土壤,在湿润的弱碱性壤土中生长良好。

植株

叶与花

射干

【学名】*Iris domestica*（L.）Goldblatt & Mabb.
【别名】乌扇、乌蒲
【科属】鸢尾科·鸢尾属
【花期】6—8 月
【花色】黄色、橙色、复色
【产地与习性】原产于我国、日本及朝鲜。中性,喜阳光与温暖气候,亦耐寒冷;对土壤要求不严,山坡旱地均能栽培。但以肥沃疏松、地势较高、排水良好的中性砂质壤土为宜,忌低洼地和盐碱地。

射干

蝴蝶花

【学名】*Iris japonica* Thunb.
【别名】扁担叶
【科属】鸢尾科·鸢尾属
【花期】3—4 月
【花色】黄色、紫色、复色

蝴蝶花

花

叶与果

【产地与习性】原产于我国、日本及朝鲜。中性,喜阳光与温暖气候,亦耐寒冷;对土壤要求不严,山坡旱地均能栽培。但以肥沃疏松、地势较高、排水良好的中性砂质壤土为宜,忌低洼地和盐碱地。

扁竹根

【学名】*Iris confusa* Sealy

【别名】扁竹兰

【科属】鸢尾科·鸢尾属

【花期】3—4月

【花色】黄色、紫色、复色

【产地与习性】原产于我国,生于山坡较荫蔽而湿润的草地、疏林下或林缘草地。喜温暖向阳或略阴处,忌晚霜与冬寒。土壤要求湿润无积水、富含腐殖质的砂壤土或轻黏土。

植株

花

5.3 多年生球根花卉

花毛茛

【学名】*Ranunculus asiaticus* (L.) Lepech.

【别名】芹菜花、波斯毛茛

【科属】毛茛科·毛茛属

【花期】4—5月

【花色】红色、粉色、黄色、橙色、白色

【产地与习性】原产于以土耳其为中心的亚洲西南部和欧洲东南部,世界各国均有栽培。性喜气候温和的半阴环境。不耐严寒冷冻,更怕酷暑烈日。在我国大部分地区,夏季进入休眠状态。宜种植于富含腐殖质、疏松肥沃、通透性能强的砂质壤土。

花毛茛

花

美人蕉

【学名】*Canna indica* L.
【别名】红艳蕉
【科属】美人蕉科·美人蕉属
【花期】6—10 月
【花色】红色、粉色、橙色、黄色
【产地与习性】原产于美洲热带和印度,现我国各地普遍栽培应用。栽培品种很多,主要分为绿叶栽培变种和紫叶栽培变种两大类。中性,喜阳光充足、通风良好环境。喜温暖湿润气候,不耐霜冻,生育适温 25 ~30 ℃。喜肥沃、湿润的深厚土壤。

美人蕉　花
花　植株

大丽菊

大丽菊

【学名】*Dahlia pinnata* Cav.
【别名】大丽花
【科属】菊科 · 大丽花属
【花期】6—10 月
【花色】红色、粉色、黄色、橙色、复色、白色
【产地与习性】原产于美洲墨西哥，是全世界栽培最广的观赏植物。光中性，喜半阴环境、凉爽气候，不耐干旱，不耐涝，忌积水，适宜栽培于土壤疏松、排水良好的肥沃砂质壤土中。

郁金香

【学名】*Tulipa* × *gesneriana* L.
【别名】洋荷花、草麝香
【科属】百合科 · 郁金香属
【花期】3—5 月
【花色】紫色、红色、粉色、黄色、橙色、复色
【产地与习性】原产于地中海沿岸及中亚地区。中性，喜光，稍耐阴；适应性强，极耐寒，能生长于夏季干热、冬季严寒的环境；在疏松肥沃、排水良好的微酸性砂质壤土中生长良好。

植株

植株

水仙

【学名】*Narcissus tazetta* var. *chinensis* Roem.
【别名】凌波仙子
【科属】石蒜科 · 水仙属
【花期】12 月—翌年 3 月
【花色】外白内黄或橘红
【产地与习性】分布于我国东南沿海地区。性喜阳光充足、温暖湿润的生长环境，耐半阴，稍耐寒；宜栽植于富含腐殖质、湿润而排水良好的砂壤土中，也能在浅水中生长。春节前后常盆栽水培观赏，装点雅室，清香诱人，深受人们喜爱。

水仙

水仙

水仙

水仙

朱顶红

朱顶红

【学名】*Hippeastrum striatum*（Lam.）H. E. Moore
【别名】柱顶红
【科属】石蒜科·朱顶红属
【花期】5—6月
【花色】红色、粉色、复色
【产地与习性】原产于南美，各国均广泛栽培。中性，不喜酷热，阳光不宜过于强烈。性喜温暖、湿润气候，生长适温为18～25 ℃，耐寒性差，冬季休眠期，要求冷湿的气候，以10～12 ℃为宜，不得低于5 ℃。宜生长于富含腐殖质、排水良好的砂壤土。

花

花

石蒜

【学名】*Lycoris radiata*（L'Hér.）Herb.
【别名】龙爪花
【科属】石蒜科·石蒜属
【花期】7—9 月
【花色】鲜红色、粉红色、黄色、白色
【产地与习性】原产于我国长江流域及西南地区，野生于阴湿山坡和溪沟边。因此喜半阴和湿润环境；适应性强，喜温暖，亦耐寒；习惯于偏酸性土壤，以疏松、肥沃的腐殖质土或砂壤土为宜。

花

花

水鬼蕉

【学名】*Hymenocallis littoralis*（Jacq.）Salisb.
【别名】蜘蛛兰
【科属】石蒜科·水鬼蕉属
【花期】5—9 月
【花色】白色
【产地与习性】原产于美洲热带，我国多地引种栽培供观赏。性喜温暖、湿润、光照充足环境。盆栽以腐殖质含量高、疏松肥沃、通透性能强的砂壤土为宜。

花

植株

文殊兰

文殊兰

【学名】*Crinum asiaticum* var. *sinicum*（Roxb. ex Herb.）Baker
【别名】罗裙带、文兰树
【科属】石蒜科·文殊兰属

【花期】6—8 月
【花色】白色
【产地与习性】原产于印度尼西亚、苏门答腊等地，我国南方热带和亚热带省区多有栽培。文殊兰性喜温暖、湿润、光照充足环境，在幼苗期忌强直射光照，生长适宜温度 15 ~20 ℃。盆栽以腐殖质含量高、疏松肥沃、通透性能强的砂壤土为宜。

植株

果

花

5.4 多年生常绿草本

在宿根植物和球根植物中，有少数品种既是多年生又四季常绿，故而合称为多年生常绿草本植物。这类植物一次种植之后，不需每年更新，可多年观赏，又因其冬季不落叶，观赏期长，景观效果好，园林应用十分广泛。

红花酢浆草

【学名】*Oxalis debilis* Kunth
【别名】三叶草、大叶酢浆草
【科属】酢浆草科 · 酢浆草属
【观叶期与叶色】3—11 月；青绿色
【花期与花色】4—10 月；红色、紫红色

【产地与习性】原产于南美洲热带地区;我国长江以北各地作为观赏植物引入,南方各地已逸为野生,且较难去除。喜光植物,耐半阴。适生于湿润的环境,干旱缺水时生长不良,可耐短期积水。抗寒力较强,华北地区可露地栽培。土壤适应性强,但宜生长于富含腐殖质、排水良好的土壤中。

叶

花

植株

植株

紫叶酢浆草

【学名】*Oxalis triangularis* 'Purpurea'
【别名】红叶酢浆草
【科属】酢浆草科 · 酢浆草属
【观叶期与叶色】3—11 月;紫红色

花

叶

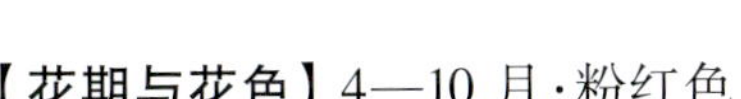

【花期与花色】4—10 月;粉红色

【产地与习性】原产于南美洲巴西,我国引种栽培。中性,喜光,耐半阴;喜温暖湿润、通风良好的环境,亦较耐寒;宜生长于富含腐殖质、排水良好的砂质壤土,耐干旱;生长迅速,覆盖地面快。

马蹄金

【学名】*Dichondra micrantha* Urb.

【别名】小金钱、小铜钱草

【科属】旋花科·马蹄金属

【观叶期与叶色】全年;叶形

【花期与花色】4—5 月;粉色、白色

【产地与习性】原产于我国江南地区及台湾。中性,喜光,耐半阴;喜温暖湿润的环境,亦耐寒;喜生长于肥沃湿润的土壤、耐高温干旱,不耐碱性土壤;耐轻度践踏。

马蹄金

叶

虎耳草

【学名】*Saxifraga stolonifera* Curtis

【别名】石荷叶

【科属】虎耳草科·虎耳草属

【观叶期与叶色】全年;绿底白纹

花

叶

【花期与花色】5—8 月;白色

【产地与习性】原产于我国、日本和朝鲜,多年生常绿草本。阴性,喜阴凉潮湿的生长环境;对土壤要求不高,耐贫瘠,能生长于枝繁叶茂的丛林之下。

肾形草

【学名】*Heuchera micrantha* Dougl.

【别名】矾根

【科属】虎耳草科 · 矾根属

【观叶期与叶色】全年;叶深裂

【花期与花色】4—6 月;白色、淡粉色

【产地与习性】原产于美洲中部,我国少数地方引种栽培。自然生长在湿润多石的高山或悬崖旁。性耐寒,喜阳光,也耐半阴,在肥沃排水良好、富含腐殖质的土壤上生长良好。较耐寒,在 -15 ℃以上的温度下也能生长良好,10 ~ 30 ℃最适合其生长。

花

叶

佛甲草

【学名】*Sedum lineare* Thunb.

【别名】佛指甲

【科属】景天科 · 景天属

【观叶期与叶色】全年;青绿色

【花期与花色】5—7 月

叶

花

【产地与习性】广布于我国华北以南广大地区,原野生于山坡或岩石上。属多浆植物,含水量高,其茎叶表皮的角质层具有超常的防止水分蒸发的特性;适应性极强,不择土壤,耐干旱,耐严寒;在长江以南地区栽种,四季葱郁,翠绿晶莹。

花叶艳山姜

【学名】*Alpinia zerumbet* 'Variegata'

【别名】花叶姜

【科属】姜科·山姜属

【观叶期与叶色】全年;黄绿色

【花期与花色】4—6月

【产地与习性】原产于亚热带地区;我国东南部至南部有分布,各地城市均有栽培。喜半阴环境,较耐水湿,不耐干旱。生长适温22~28℃,较耐寒,当温度低于0℃时,植株会受冻害。喜肥沃、排水良好的园土。

花

叶

果

花叶冷水花

【学名】*Pilea cadierei* Gagnep. et Guill.

【别名】白斑叶冷水花

【科属】荨麻科·冷水花属

【观叶期与叶色】全年;青绿色

【花期与花色】9—11月

【产地与习性】原产于越南中部山区,我国各地有栽培。性喜温暖、湿润的气候,喜疏松肥沃的砂质壤土,生长适宜15~25℃,冬季不可低于5℃。

叶

花

白车轴草

白车轴草

【学名】*Trifolium repens* L.
【别名】白花三叶草、白三叶
【科属】豆科·车轴草属
【观叶期与叶色】全年;青绿色
【花期与花色】5—9月;白色
【产地与习性】原产于欧洲和北美洲,现世界温带和亚热带广为栽培。中性,喜光,亦耐阴。适应性广,耐热,耐旱,耐寒,耐霜,耐践踏,气温降至0 ℃时部分老叶枯黄。喜排水良好的壤土,不耐盐碱。

植株

花序

红车轴草

【学名】*Trifolium pratense* Linn.
【别名】红花三叶草、红三叶
【科属】豆科·车轴草属
【观叶期与叶色】全年;青绿色
【花期与花色】5—9月;淡红色、紫红色
【产地与习性】原产于小亚细亚与东南欧,广泛分布于热带及亚热带地区。喜凉爽湿润气候,气温超过35 ℃生长受到抑制,冬季最低气温达-15 ℃则难以越冬。耐湿、不耐旱。喜排水良好、土质肥沃壤土。

植株

叶

斑茅

【学名】*Saccharum arundinaceum* Retz.
【别名】芭茅
【科属】禾本科 · 甘蔗属
【观叶期与叶色】全年;绿色
【花期与花色】8—10 月;黄绿色
【产地与习性】原产于河南、陕西、福建、台湾、贵州、四川、云南等地,生长在山坡和河岸溪涧草地。适应性较强,能耐旱、耐涝,多生于潮湿生境,在土质疏松肥沃的溪流边、山间谷地、河漫滩的沙地里生长良好。

斑茅

斑茅

狼尾草

【学名】*Cenchrus alopecuroides* J. Presl
【别名】狗尾巴草、芮草
【科属】禾本科 · 狼尾草属
【花期】9—11 月
【花色】紫色、白色
【产地与习性】分布于我国东北、华北及以南地区,多年生宿根草本植物。阳性,喜光,喜冷凉气候;喜肥沃、疏松的砂质壤土,但能耐干旱瘠薄,并对轻微盐碱性土有一定的适应性;生长强健,萌发力强,病虫害少。

狼尾草

狼尾草

大吴风草

【学名】*Farfugium japonicum* (Linn. f.) Kitam.
【别名】一叶莲、大马蹄
【科属】菊科·大吴风草属
【观叶期与叶色】全年;绿色
【花期与花色】10 月—翌年 3 月;黄色
【产地与习性】原产于我国东部地区、日本及朝鲜。喜半阴,忌阳光直射;喜温暖、湿润的环境,亦较耐寒;适应性强,不择土壤,但以肥沃、疏松、排水良好的壤土为宜。

叶

花

沿阶草

【学名】*Ophiopogon bodinieri* Lévl.
【别名】书带草
【科属】百合科·沿阶草属
【观叶期与叶色】全年;深绿色
【花期与花色】6—7 月;蓝紫色
【产地与习性】原产于我国华东地区以及云南、贵州、四川、湖北、河南等地,生于海拔 600 ~ 3400 m 的山坡、山谷潮湿处、沟边或林下。阴性,喜温暖湿润、较荫蔽的环境;耐寒,忌强光和高温;适应性强,对土壤要求不严,既耐干旱又耐水湿。

花

叶

麦冬

麦冬

【学名】*Ophiopogon japonicus*（Linn. f.）Ker ~ Gawl.
【别名】麦门冬
【科属】百合科 · 沿阶草属
【观叶期与叶色】全年;深绿色
【花期与花色】5—8 月;白色、淡紫色
【产地与习性】原产于我国西南、华南及华中地区;日本及朝鲜有分布,为常见栽培品种。光中性,喜温暖湿润、降雨充沛的气候条件,5 ~ 30 ℃能正常生长,低于 0 ℃或高于 35 ℃生长停止,宜生长于土质疏松、肥沃湿润、排水良好的微碱性砂质壤土,种植土壤质地过重会影响须根的发生与生长,块根生长不好。

根

花

金边阔叶麦冬

【学名】*Liriope muscari* cv. *variegata*
【别名】金边阔叶山麦冬
【科属】百合科 · 山麦冬属
【观叶期与叶色】全年;叶边黄色
【花期与花色】6—7 月;蓝紫色
【产地与习性】为阔叶麦冬的园艺栽品种。原种分布于我国华东、华中、华南及四川、贵州等地。喜湿润、肥沃的土壤和半阴的环境。对光照要求不严。耐寒,耐热,耐湿,耐旱。

植株

花与叶

山麦冬

【学名】*Liriope spicata*（Thunb.）Lour.
【别名】兰花三七
【科属】百合科 · 山麦冬属
【观叶期与叶色】全年；深绿色
【花期与花色】6—8 月；翠蓝色
【产地与习性】原产于我国江南地区。中性，喜光，亦耐阴；适应性强，耐寒、耐热性均好，可生长于微碱性土壤；适宜作地被植物或盆栽观赏。

植株

花

吉祥草

【学名】*Reineckea carnea*（Andrews）Kunth
【别名】观音草、竹根七
【科属】百合科 · 吉祥草属
【观叶期与叶色】全年；深绿色
【花期与花色】6—7 月；蓝紫色
【产地与习性】原产于我国江南及西南地区。多生于阴湿山坡、山谷或密林下，海拔 170 ~ 3200 m。性喜温暖、湿润的环境，较耐寒耐阴，忌阳光直射，对土壤的要求不高，适应性强，以排水良好的肥沃壤土为宜，不耐干旱。

吉祥草

吉祥草

花

果

蜘蛛抱蛋

蜘蛛抱蛋

【学名】*Aspidistra elatior* Blume
【别名】一叶兰
【科属】百合科·蜘蛛抱蛋属
【观叶期与叶色】全年;深绿色
【花期与花色】4—6月;淡绿色
【产地与习性】原产于我国南方各省区,现各地均有栽培。性喜温暖湿润、半阴环境、较耐寒、极耐阴。生长适温为10~25 ℃,越冬温度为0~3 ℃。适宜作地被植物或盆栽观赏。对土壤要求不严,耐瘠薄、但以疏松、肥沃的微酸性砂质壤土较好。

植株

植株

白及

植株

【学名】*Bletilla striata*（Thunb. ex A. Murray）Rchb. f.
【别名】白芨、紫兰
【科属】兰科・白及属
【观叶期与叶色】全年；深绿色
【花期与花色】4—6 月；蓝紫色、紫红色
【产地与习性】原产于我国西南地区及台湾。阴性，喜温暖、阴湿的环境；稍耐寒，在长江中下游地区能露地栽培；耐阴性强，忌强光直射，夏季高温干旱时叶片容易枯黄；宜排水良好、含腐殖质多的砂壤土。

花

果

大叶仙茅

【学名】*Curculigo capitulata*（Lour.）O. Kuntze
【别名】大叶棕
【科属】石蒜科・仙茅属
【花期】5—6 月
【花色】黄色
【产地与习性】分布于福建、台湾、广东、广西、四川、贵州、云南等地。生长在海拔 850 ~ 2200 m 的林下或阴湿处，喜温暖阴湿环境，适生温度 20 ~ 30 ℃，10 ℃以下停止生长，能耐 0 ℃左右的低温，在我国南方温暖地区可露地栽培，夏季忌强烈日照。宜种植在含腐殖质、疏松肥沃的砂壤土上。

花

叶

葱莲

【学名】*Zephyranthes candida* (Lindl.) Herb.
【别名】葱兰、玉莲、韭菜莲
【科属】石蒜科 · 葱莲属
【观叶期与叶色】全年;深绿色
【花期与花色】8—10 月;白色
【产地与习性】原产于南美洲,我国各地都有种植。中性,喜光,耐半阴;喜温暖湿润气候,亦较耐寒,0 ℃以下亦可存活较长时间。适应性强,耐干旱瘠薄,但以肥沃、带黏性而排水良好的土壤为佳。

葱莲

葱莲

葱莲

韭莲

【学名】*Zephyranthes grandiflora* Lindl.
【别名】韭兰、风雨花
【科属】石蒜科 · 葱莲属
【观叶期与叶色】全年;深绿色
【花期与花色】8—10 月;粉红色、玫瑰红色
【产地与习性】产于墨西哥南部至危地马拉,我国各地有栽培。中性,喜光,耐半阴。喜温暖湿润气候,亦较耐寒,生育适温为 22 ~ 30 ℃。在长江流域可保持常绿;以疏松肥沃、排水良好的土壤为宜。

韭莲

韭莲

紫娇花

紫娇花

【学名】*Tulbaghia violacea* Harv.
【别名】蒜味草
【科属】石蒜科・紫娇花属
【观叶期与叶色】全年;浅绿色
【花期与花色】5—8 月;紫粉色
【产地与习性】原产于南非,我国多地有引种。喜光,栽培处全日照、半日照均理想,但不宜荫蔽。喜高温,耐热,生育适温 24 ~30 ℃。对土壤要求不严,耐贫瘠。但肥沃而排水良好的砂壤土上开花旺盛。

植株

花

芭蕉

【学名】*Musa basjoo* Siebold
【别名】板焦
【科属】芭蕉科・芭蕉属
【花期】9—12 月
【花色】红褐色
【产地与习性】原产于琉球群岛,我国台湾有野生,南方大部分地区都有栽培。芭蕉喜温暖、湿润的气候,生长温度 15 ~35 ℃,适温 24 ~32 ℃,绝对最高温不宜超过 40 ℃,绝对最低温不宜低于 4 ℃。土壤要求,土层深厚,疏松肥沃,排水良好的土壤,而以砂壤土,pH 值 5.5 ~6.5 最为适宜。

花

果

植株

5.5 多年生草坪草

草坪是园林中用人工铺植草皮或播种草籽的方法，培养形成的整片绿色地面，是园林风景的重要组成部分，同时也是人们休憩、娱乐活动的场所。

按照草坪的生态类型，草坪可分为冷季型草坪和暖季型草坪。

(1)冷季型草坪　适宜的生长温度在 11 ~ 20 ℃，主要分布于华北、东北、西北等地区。目前常用的草种为早熟禾属、黑麦草属、剪股颖属、羊茅属等。

(2)暖季型草坪　适宜的生长温度在 25 ~ 30 ℃，主要分布在长江流域及其以南的热带、亚热带地区，目前常用的草种有狗牙根、结缕草、地毯草等。

结缕草

【学名】 *Zoysia japonica* Steud.

【别名】 锥子草、延地青

【科属】 禾本科 · 结缕草属

【产地与习性】 原产于我国、日本及朝鲜，在我国主要分布于东北、华北、华东地区。为多年生暖季型草坪草，具发达的根茎和匍匐茎。中性，喜光，耐半阴，耐热且非常耐寒；对土壤适应性强，耐旱、耐湿、耐盐碱；生长缓慢，耐修剪，耐践踏；冬季保绿期长。

结缕草　　结缕草

马尼拉草

【学名】 *Zoysia matrella* (Linn.) Merr.

【别名】 沟叶结缕草、台北草

【科属】 禾本科 · 结缕草属

【产地与习性】 原产于大洋洲热带和亚热带地区，我国首先引种于海南、广东、台湾，现经驯化已广植于天津、青岛以南地区。为多年生暖季型草坪草，具发达的根茎，叶色比结缕草更为青绿。中性，喜光，耐半阴，耐热，稍耐寒；对土壤适应性强，抗干旱瘠薄，耐湿，耐盐；生长势与扩展性强，草层茂密，覆盖度大；耐修剪，耐践踏。

马尼拉草

马尼拉草

天鹅绒草

【学名】 *Zoysia pacifica*（Goudswaard）M. Hotta et S. Kuroki

【别名】 细叶结缕草

【科属】 禾本科 · 结缕草属

【产地与习性】 分布于亚热带及我国南部地区。欧美各国已普遍引种。目前已在我国黄河流域以南地区广泛种植。喜温暖湿润气候，耐高温干旱，但耐寒性、耐阴性、耐践踏性较差。对土壤要求不严，以肥沃、中性或微碱性土壤为宜。由于其匍匐茎秆纤细，若不及时修剪与维护，草坪常出现垛状和枯草层，影响景观及其使用。

天鹅绒草

天鹅绒草

狗牙根

【学名】 *Cynodon dactylon*（Linn.）Pers.

【别名】 爬根草

【科属】 禾本科 · 狗牙根属

【产地与习性】 世界广布，在我国主要分布于黄河流域以南地区。为多年生暖季型草坪草，具有根状茎和匍匐枝。阳性，喜光，忌荫蔽；耐热、耐旱性强，耐寒性中等；对土壤适应性强，耐盐碱；生长较快，十分耐修剪、耐践踏。

狗牙根

狗牙根

矮生百慕大

【学名】*Cynodon dactylon* × *C. transadlensis*

【别名】杂交狗牙根、天堂草

【科属】禾本科 · 狗牙根属

【产地与习性】为近年国外人用非洲狗牙根与普通狗牙根杂交后在子代中选出来的，为多年生暖季型草坪草。具匍匐茎，节间短，细矮致密，贴地生长。阳性，喜光，不耐阴；耐寒、耐旱、病虫害少；生长势强，耐频繁割剪，践踏后易于复苏。绿色观赏期为 280 天；秋季松土播入黑麦草种子，冬季仍能保持绿色。

矮生百慕大

矮生百慕大

高羊茅

【学名】*Festuca elata* Keng ex E. Alexeev

【别名】苇状羊茅

【科属】禾本科 · 羊茅属

【产地与习性】主产于欧亚大陆及我国广西、四川、贵州等地，目前园林应用品种均引自美欧等地。为多年生冷季型草坪草，中性，喜光，中等耐阴；喜温凉湿润气候，耐热，耐寒，耐瘠薄，抗病性强，耐践踏性中等。适宜于温暖湿润的中亚热带至中温带地区栽种，在长江流域可以保持四季常绿。

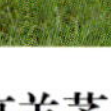

高羊茅

高羊茅

黑麦草

【学名】*Lolium perenne* Linn.
【别名】宿根黑麦草
【科属】禾本科·黑麦草属
【产地与习性】原产于欧洲西南部、非洲北部及亚洲西南部。为多年生冷季型草坪草，中性，喜光，稍耐阴；喜温凉湿润气候，耐寒性较强；要求肥沃、排水良好的土壤，适宜于温暖湿润的中亚热带至中温带地区栽种。采用种子播种繁殖，南方秋播，北方春播；常用作混合草坪，也是暖季型草坪冬季复绿的主要草种。

黑麦草

翦股颖

【学名】*Agrostis stolonifera* L.
【别名】匍匐翦股颖、四季青
【科属】禾本科·翦股颖属
【产地与习性】原产于欧亚大陆温带及北美地区，我国华北、华东地区也有分布，目前园林应用品种主要从欧美进口。为多年生冷季型草坪草，中性，喜光，稍耐阴；喜温凉湿润气候，不耐干冷；要求肥沃、排水良好的微酸性土壤，不耐炎热和干旱，稍耐盐碱；再生力强，耐低剪，耐践踏性中等。采用种子播种或营养体繁殖，在亚热带至热带地区能保持四季常绿。

翦股颖

5.6 室内观赏植物

室内观赏植物是指在室内栽培供观赏的植物，一般都有美丽的花、奇特的叶或者是美丽的果，一般都具有美化环境、改善环境和调节人体健康的功能。按其观赏部位的不同分为室内观叶植物、室内观花植物、室内观果植物。

5.6.1 室内观叶植物

在园林植物中,有些植物叶形奇特,色彩纷呈,耐阴性强,且冬季不落叶,观赏期长,适宜用于观叶,但因其性喜温暖湿润的气候,所以耐寒性差,冬季需要在温室或居室内越冬,而夏季又需要遮阴,避免强光直射,并保持较高的湿度,本节简要介绍以下常见的室内观叶植物。

翠云草

【学名】 *Selaginella uncinata* (Desv.) Spring
【别名】 蓝地柏、绿绒草
【科属】 卷柏科 · 卷柏属
【产地与习性】 原产于我国西南、华南及台湾地区,常生于林下湿石上、石洞内。性喜温暖、湿润、半阴的环境,忌强光直射;春季分株繁殖;生长期要充分浇水,保持较高的湿度;越冬室温需5 ℃以上。

翠云草

肾蕨

【学名】 *Nephrolepis cordifolia* (L.) C. Presl
【别名】 蜈蚣草
【科属】 肾蕨科 · 肾蕨属
【产地与习性】 原产于我国热带及亚热带地区,华南各省区山地林缘有野生。性喜温暖、潮润、半阴的环境,喜湿润土壤和较高的空气湿度;生长期要多浇水或喷水,保持盆土不干;越冬温度5 ℃以上。

肾蕨

铁线蕨

【学名】 *Adiantum capillus ~ veneris* L.
【别名】 铁丝草、美人发
【科属】 铁线蕨科 · 铁线蕨属

铁线蕨

铁线蕨

【产地与习性】原产于美洲热带及欧洲温暖地区，我国华北以南地区有栽培。性喜温暖、湿润、半阴的环境；宜疏松、湿润、含石灰质的土壤，为钙质土指示植物。

银脉凤尾蕨

【学 名】*Pteris ensiformis* Burm. var. victoriae Bak.

【别名】白羽凤尾蕨、白斑凤尾蕨

【科属】凤尾蕨科 · 凤尾蕨属

【产地与习性】原产于马来西亚，我国有引种栽培。性喜半阴，喜温暖、湿度较大的环境；生长适温 16 ~ 21 ℃，不耐寒，越冬温度不得低于 10 ℃；夏季高温时节应遮阴，并经常浇水，保持盆土湿润。栽培土壤以肥沃、疏松的微酸性土壤为宜。常采用分株或孢子繁殖。

银脉凤尾蕨

袖珍椰子

【学名】*Chamaedorea elegans* Mart.

【别名】矮生椰子、矮棕

【科属】棕榈科 · 竹节椰属

【产地与习性】原产于墨西哥和危地马拉。袖珍椰喜温暖、湿润和半阴的环境，生长适宜温度 20 ~ 30 ℃，13 ℃时进入休眠期，冬季最低气温为 3 ℃。适生环境以排水良好、湿润、肥沃壤土为佳。

袖珍椰子

印度榕

【学名】*Ficus elastica* Roxb. ex Hornem.

【别名】橡皮树

【科属】桑科 · 榕属

【产地与习性】原产于印度及马来西亚等地。中性，喜光，但忌阳光直射；喜温暖湿润环境，生长适宜温度 20 ~ 25 ℃，安全越冬温度 5 ℃；喜疏松肥沃和排水良好的微酸性土壤，忌黏性土，不耐干旱瘠薄。

印度榕

马拉巴栗

【学名】*Pachira glabra* Pasq.

【别名】瓜栗 、发财树

【科属】锦葵科 · 瓜栗属

【产地与习性】原产于美洲热带地区。性喜高温高湿气候,耐寒力差,幼苗忌霜冻,成年树可耐轻霜;喜肥沃疏松、透气保水的微酸性土壤,忌碱性土或黏重土壤,稍耐干旱,亦较耐水湿。

马拉巴栗

绿萝

【学名】*Epipremnum aureum* (Linden et André) Bunting

【别名】黄金葛

【科属】天南星科 · 麒麟叶属

【产地与习性】原产于南美洲热带雨林地区。性喜温暖、湿润气候,稍耐寒;对光照要求不严,稍耐阴;喜肥沃、疏松、排水好的土壤。

绿萝

龟背竹

【学名】*Monstera deliciosa* Liebm.

【别名】蓬莱蕉

【科属】天南星科 · 龟背竹属

【产地与习性】原产于南美洲墨西哥,性喜凉爽而湿润的气候条件,不耐寒,耐强阴。要求深厚和保水力强的腐殖土,怕干燥,耐水湿。

叶

植株

裂叶喜林芋

叶

【学名】*Philodendron bipennifolium* Schott

【别名】羽裂蔓绿绒、春芋

【科属】天南星科·喜林芋属

【产地与习性】原产于南美洲巴西。喜高温多湿环境，对光线的要求不严格，稍耐寒；喜光，稍耐阴，生长缓慢；喜肥沃、疏松、排水良好的微酸性土壤。

海芋

【学名】*Alocasia odora*（Roxb.）K. Koch

【别名】滴水观音、野芋、观音莲

【科属】天南星科·海芋属

【产地与习性】原产于我国南部及西南地区、印度和东南亚。不耐寒，喜高温、高湿，喜半阴，忌强光直射，宜生长于疏松肥沃、排水良好的土壤。

叶

叶与果

大野芋

叶

【学名】*Leucocasia gigantea*（*Blume*）Schott

【别名】野芋

【科属】天南星科·大野芋属

【产地与习性】分布于马来群岛、中南半岛、美洲、日本和我国。在我国天然分布于云南、广西、广东、福建和江西；在浙江、上海、安徽和四川等地有栽培。大野芋喜高温、湿润和半阴环境，不耐寒，怕干旱和强光暴晒，生长适宜温度28～30 ℃，气温降至10 ℃以下会发生冻害，宜在肥沃的黏质土壤生长。

花叶芋

【学名】*Caladium bicolor* (Ait.) Vent.

【别名】五彩芋、彩叶芋

【科属】天南星科 · 五彩芋属

【产地与习性】原产于南美洲热带地区，以巴西及亚马孙河流域分布最广。喜高温、高湿，不耐寒，喜半阴，喜散射光，烈日暴晒叶片易发生灼伤现象；要求肥沃、疏松和排水良好的腐叶土或泥炭土。

叶

叶

马蹄莲

【学名】*Zantedeschia aethiopica* (Linn.) Spreng.

【别名】慈姑花

【科属】天南星科 · 马蹄莲属

【产地与习性】原产于非洲东北部及南部，分布于北京、江苏、福建、台湾、四川、云南及秦岭地区，栽培供观赏。喜温暖、湿润和阳光充足的环境。不耐寒和干旱。生长适温为 15 ~ 25 ℃，夜间温度不低于 13 ℃，若温度高于 25 ℃或低于 5 ℃，被迫休眠。喜水，生长期土壤要保持湿润。

花

花

花叶万年青

【学名】*Dieffenbachia picta* (Lodd.) Schott

【别名】黛粉叶

【科属】天南星科 · 黛粉芋属

【产地与习性】原产于南美洲巴西。喜高温、高湿及半阴环境,不耐寒;忌强光直射;要求肥沃、疏松而排水好的土壤。

花叶万年青

孔雀竹芋

【学名】*Calathea makoyana* E. Morr.

【别名】马克肖竹芋、斑马竹芋

【科属】竹芋科 · 叠苞竹芋属

【产地与习性】原产于南美洲巴西。耐阴性强,喜湿,叶面要常喷水。用水苔作无土栽培基质效果好,分生力强,繁殖容易。

孔雀竹芋

紫背竹芋

【学名】*Stromanthe sanguinea* Sond.

【别名】红背肖竹芋

【科属】竹芋科 · 短筒竹芋属

【产地与习性】原产于中美洲及巴西,我国南部各省区有栽培。喜温暖、潮湿、荫蔽环境;较耐热,不耐干旱;稍耐寒,但怕霜冻;喜肥沃、疏松、湿润而排水良好的酸性土壤。

紫背竹芋

鹅掌藤

【学名】*Heptapleurum heptaphyllum* (L.) Y. F. Deng

【别名】鸭脚木

【科属】五加科 · 鹅掌柴属

【产地与习性】原产于南洋群岛及我国广东、福建、海南、台湾等亚热带地区。喜半阴,喜湿怕干;在空气湿度大、土壤水分充足的环境下生长茂盛;但对北方干燥气候有较强的适应力。

鹅掌藤

植株

叶

非洲茉莉

【学名】*Fagraea ceilanica* Thunb.
【别名】灰莉
【科属】马钱科 · 灰莉属
【产地与习性】原产于非洲。性喜光,但忌夏日强烈日光直射;喜温暖湿润、通风良好的环境,不耐寒冷、干冻及气温剧烈下降;在疏松肥沃、排水良好的壤土上生长最佳;萌芽、萌蘖力强,耐修剪整形。

叶

植株

朱蕉

【学名】*Cordyline fruticosa*(L.)A. Chev.
【别名】朱竹、红竹
【科属】龙舌兰科 · 朱蕉属
【产地与习性】原产于亚洲热带、太平洋岛屿、澳大利亚、新西兰。中性,喜散射光,耐半阴,但在长期阴暗室内生长不良。喜高温多湿环境,生长适温 20 ~ 30 ℃;喜富含腐殖质和排水良好的酸性土壤,不耐盐碱,稍耐水湿,抗旱力差。

叶

富贵竹

【学名】*Dracaena sanderiana* Mast.
【别名】黄椰子
【科属】龙舌兰科 · 龙血树属
【产地与习性】原产于非洲西部的喀麦隆。性喜阴湿高温，耐阴、耐涝，抗寒力强；适生长于排水良好的砂质土或半泥砂及冲积层黏土中。夏秋季高温多湿季节，对生长有利；适宜在明亮散射光下生长。

富贵竹

香龙血树

【学名】*Dracaena fragrans* Ker ~ Gawl.
【别名】巴西木
【科属】龙舌兰科 · 龙血树属
【产地与习性】原产于南美洲热带地区。性喜阳光充足、高温高湿环境，不耐寒；宜栽植于疏松、腐殖质含量高、排水性好的培养土；耐干旱，但生长期应给叶面常喷水，保持较高的湿度。

香龙血树

金边龙舌兰

【学名】*Agave americana* ‘Variegata’ Nichols
【别名】千岁兰
【科属】龙舌兰科 · 龙舌兰属
【产地与习性】原产于中美洲墨西哥。适应性强，喜阳光充足、温暖湿润的气候，稍耐阴；对土壤要求不严，耐干旱，但以疏松、排水性良好的砂质壤土为佳。

金边龙舌兰

金边龙舌兰

金边虎尾兰

【学名】*Sansevieria trifasciata* var. *laurentii* (De Wildem.) N. E. Brown
【别名】金边虎皮兰
【科属】龙舌兰科·虎尾兰属
【产地与习性】原产于非洲西部。适应性强,喜光又耐阴,喜温暖湿润气候,耐干旱;对土壤要求不严,以疏松、排水性良好的砂质壤土为宜。

叶

植株

一品红

【学名】*Euphorbia pulcherrima* Willd. ex Klotzsch
【别名】圣诞花
【科属】大戟科·大戟属
【产地与习性】原产于墨西哥及中美洲热带地区。喜温暖、阳光充足环境,不耐寒;喜肥沃、湿润而排水良好的土壤。

一品红

变叶木

变叶木

【学名】*Codiaeum variegatum*（L.）Rumph. ex A. Juss.

【别名】洒金榕

【科属】大戟科 · 变叶木属

【产地与习性】原产于印度尼西亚、澳大利亚。性喜高温、湿润和阳光充足的环境，不耐寒，越冬室温要求5 ℃以上；以疏松肥沃、排水良好的壤土为宜。

变叶木

文竹

【学名】*Asparagus setaceus*（Kunth）Jessop

【别名】云片松、云片竹

【科属】百合科 · 天门冬属

【产地与习性】原产于南非。性喜温暖、湿润的气候条件，既不耐寒，也怕暑热；对光照条件要求比较严格，既不能常年荫蔽，也经不起阳光曝晒；宜在疏松、肥沃、通气良好的土壤中生长，不耐旱，怕水涝，不耐盐碱。

文竹

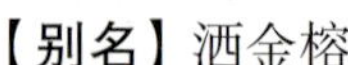

金边吊兰

【学名】*Chlorophytum comosum* 'Variegatum'

【别名】大叶吊兰

【科属】百合科 · 吊兰属

【产地与习性】原产于南非。性喜温暖，不耐寒，喜半阴、湿润环境，要求疏松、肥沃、排水良好的土壤。

植株

叶

紫竹梅

【学名】*Tradescantia pallida*（Rose）D. R. Hunt

【别名】紫锦草

【科属】鸭跖草科 · 紫露草属

【产地与习性】原产于墨西哥，我国各地栽培。喜温暖、湿润、半阴环境，不耐寒，忌阳光曝晒，最适生长温度 20～30 ℃，夜间温度 10～18 ℃生长良好，冬季不低于 10 ℃。对干旱有较强的适应能力，对土壤要求不严，适宜肥沃、湿润的壤土。

花与叶

花与叶

吊竹梅

【学名】 *Tradescantia zebrina* Heynh.

【别名】 水竹草

【科属】 鸭跖草科 · 吊竹梅属

【产地与习性】 原产于墨西哥。耐寒力强，短期低温不会冻死。喜半阴，光线过暗易徒长，叶无光泽，耐干燥。

吊竹梅

5.6.2 室内观花植物

在植物中，观花品种很多，本节主要介绍部分耐寒性不强，冬季需要在温室或居室内越冬的，且适宜于盆栽观赏的观花植物。观花植物按其形态结构和生长特性的不同可分为一二年生花卉、宿根花卉、球根花卉、多肉多浆花卉、兰科花卉、水生花卉和温室木本花卉等。因本节介绍的数量较少，未作具体分类，只在习性中做了说明。

仙客来

【学名】*Cyclamen persicum* Mill.
【别名】兔耳花、一品冠
【科属】报春花科 · 仙客来属
【花期】12 月—翌年 3 月
【花色】紫色、红色、粉色、白色、复色
【产地与习性】原产于希腊、地中海一带；球根花卉。性喜阳光充足、凉爽、湿润的环境；要求疏松、肥沃、富含腐殖质、排水良好的微酸性砂壤土。

仙客来

仙客来

花烛

【学名】*Anthurium andraeanum* Linden
【别名】红掌
【科属】天南星科 · 花烛属

植株

花

【花期】全年
【花色】红色、粉红色、粉白色
【产地与习性】原产于哥伦比亚；宿根花卉。喜温暖、湿润环境，不耐寒；宜在富含腐殖质、排水良好的微酸性至中性土壤中生长；夏季生长适温 20～25 ℃，冬季温度不可低于 15 ℃。

西洋杜鹃

西洋杜鹃

【学名】*Rhododendron hybridum* Ker Gawl.
【别名】比利时杜鹃、西鹃、杂种杜鹃
【科属】杜鹃花科 · 杜鹃花属
【花期】四季皆能开花
【花色】紫色、红色、粉色、白色、复色
【产地与习性】原产于比利时，杂交培育种；温室木本花卉。喜温暖、湿润、空气凉爽、通风和半阴的环境；要求肥沃、疏松、富含有机质、排水良好的酸性土壤；夏季忌阳光直射，应遮阳，常喷水，保持空气湿度。

植株

花

金边瑞香

【学名】*Daphne odora* ‘Marginata’ Makino
【别名】蓬莱花
【科属】瑞香科 · 瑞香属
【花期】2—5 月

植株

花

【花色】紫色、红色、粉色、复色

【产地与习性】原产于我国中部;温室木本花卉。适宜半阴、凉爽、短日照环境。怕高温高湿,最适宜温度 15~25 ℃,过高或过低则进入半休眠状态;喜微酸性土壤,喜磷钾肥,忌氮肥过多。

米仔兰

【学名】*Aglaia odorata* Lour.

【别名】米兰

【科属】楝科 · 米仔兰属

【花期】夏秋两季

【花色】黄色、金黄色

【产地与习性】原产于我国及东南亚,温室木本花卉。喜阳光充足、温暖、湿润环境,耐半阴,不耐寒;宜肥沃疏松、排水良好的酸性土壤。

米仔兰

茉莉花

【学名】*Jasminum sambac* (Linnaeus) Aiton

【别名】茉莉、素馨花

【科属】木樨科 · 素馨属

【花期】5—8 月

【花色】白色

【产地与习性】原产于东南亚;温室木本花卉。喜阳光充足、温暖、湿润环境,耐半阴,不耐寒;适宜肥沃疏松、排水良好的微酸性土壤。

植株　　花

朱槿

朱槿

【学名】*Citrus medica* var. *sarcodactylis* (Noot.) Swingle

【别名】扶桑花、大红花、红木槿

【科属】锦葵科 · 木槿属

【花期】全年

【花色】紫、红、粉、黄等色

【产地与习性】原产于我国南部地区；温室木本花卉。喜光，稍耐阴，喜温暖、湿润气候，不耐寒；宜在富含腐殖质、排水良好的微酸性至中性土壤中生长。

植株

花

果子蔓

【学名】*Guzmania lingulata* Mez

【别名】星花凤梨、红星凤梨

【科属】凤梨科 · 果子蔓属

【花期】全年

【花色】紫色、红色、乳黄色、复色

【产地与习性】原产于哥伦比亚、厄瓜多尔；宿根花卉。喜充足散射光照和高温高湿环境，耐半阴，不耐寒；对水分的要求较高，生长期需经常喷水，保持高湿和清洁环境；要求疏松而富含腐殖质且排水好的基质，不耐干旱。

植株

花

鹤望兰

【学名】*Strelitzia reginae* Banks

【别名】天堂鸟

【科属】鹤望兰科 · 鹤望兰属

【花期】5—8 月

【花色】黄色、橙黄色、复色

【产地与习性】原产于南非；宿根花卉。喜光照充足、温暖湿润环境，不耐寒；要求肥沃、排水良好的稍黏质土壤，耐旱，不耐涝。

植株

花

大鹤望兰

【学名】*Strelitzia nicolai* Regel & Körn.

【别名】白花鹤望兰、尼古拉鹤望兰、扇蕉

【科属】鹤望兰科·鹤望兰属

【花期】5—8月

【花色】白色、绿色

【产地与习性】原产于非洲南部，现我国台湾、广东等地有引种栽培。大鹤望兰成株高大挺拔，花朵奇特硕大，是庭院、公园美化的园林绿化植物。喜温暖湿润环境，不耐寒，要求肥沃、疏松、排水良好的土壤，耐干旱，不耐湿涝。生长适温23～32 ℃，冬季越冬温度一般需10 ℃以上，但能耐短期0 ℃以上低温。

植株

花

蟹爪兰

【学名】*Schlumbergera truncata*（Haw.）Moran

【别名】蟹爪、蟹爪莲

【科属】仙人掌科·仙人指属

【花期】9月—翌年5月

【花色】紫红色、粉红色

【产地与习性】原产于墨西哥至巴西高山冷凉雾多之地；多浆花卉。性喜半阴、潮湿、通风、凉爽的环境，要求排水、透气良好的微酸性肥沃壤土；适宜生长温度15～25 ℃，5 ℃以下进入半休眠，低于0 ℃就会发生冻害。

植株

花

瓜叶菊

【学名】*Pericallis hybrida* B. Nord.
【别名】瓜叶莲、千里光、千日莲
【科属】菊科·瓜叶菊属
【花期】12 月—翌年 3 月
【花色】紫色、红色、粉色、蓝色、白色、复色
【产地与习性】原产于西班牙、地中海一带；二年生花卉。光中性，喜光，稍耐阴；喜凉爽气候，忌炎热；宜疏松肥沃、排水良好的砂质壤土，怕旱，忌涝。

瓜叶菊

瓜叶菊

瓜叶菊

瓜叶菊

麝香百合

【学名】*Cyclamen persicum* Mill.
【别名】白百合、百合、东方百合
【科属】百合科 · 百合属
【花期】2—5 月
【花色】淡绿色、白色
【产地与习性】主要分布于我国、日本、北美洲和欧洲等温带地区；球根花卉。性喜凉爽、潮湿、略荫蔽的环境，忌酷暑，耐寒性差；宜富含腐殖质、土层深厚、排水良好的微酸性至中性土壤，忌干旱；生长、开花适温 15 ~25 ℃，低于 5 ℃或高于 30 ℃生长停止。

麝香百合

麝香百合

风信子

【学名】*Hyacinthus orientalis* Linn.
【别名】洋水仙、五色水仙
【科属】百合科 · 风信子属
【花期】2—5 月
【花色】红色、粉色、乳黄色、蓝紫色、复色
【产地与习性】原产于地中海沿岸及亚洲西部；球根花卉。性喜光，喜凉爽、湿润环境，较耐寒；宜在肥沃、排水良好的砂壤土中生长，忌低湿、黏重的土壤。

风信子

风信子

君子兰

君子兰

【学名】*Clivia miniata* (Lindl.) Bosse
【别名】大花君子兰
【科属】石蒜科 · 君子兰属

【花期】12 月—翌年 3 月
【花色】橘红色、橙黄色、黄色、复色
【产地与习性】原产于南非；宿根花卉。喜冬季温暖、夏季凉爽的半阴环境，不耐寒；喜肥沃、疏松、通气良好的微酸性土壤；不耐水湿，稍耐旱。

植株

花

大花蕙兰

【学名】*Cymbidium hybrid*
【科属】兰科 · 兰属
【花期】12 月—翌年 3 月
【花色】紫红色、粉红色、乳黄色、复色
【产地与习性】原产于东南亚、日本和我国南部地区；兰科花卉。喜冬季温暖和夏季凉爽气候，喜高湿、散光环境；生长适温 15 ~25 ℃，冬季室温以 10 ℃左右为宜。

大花蕙兰

大花蕙兰

蝴蝶兰

【学名】*Phalaenopsis aphrodite* Rchb. f.
【别名】蝶兰
【科属】兰科 · 蝴蝶兰属
【花期】12 月—翌年 3 月
【花色】紫色、红色、粉色、黄色、白色、复色
【产地与习性】原产于亚洲热带及我国台湾地区；兰科花卉。喜高温、高湿，不耐寒；喜通风及半阴环境；要求富含腐殖质、疏松、排水好的栽培基质。

蝴蝶兰

花

花

文心兰

【学名】*Oncidium sphacelatum* Lindl.
【别名】跳舞兰、舞女兰
【科属】兰科 · 文心兰属
【花期】12 月—翌年 3 月
【花色】黄色、金黄色、橙色、复色
【产地与习性】原产于美国、墨西哥和秘鲁;兰科花卉。原叶型(或称硬叶型)文心兰喜温热环境,而薄叶型(或称软叶型)和剑叶型文心兰喜冷凉气候。厚叶型文心兰生长适温 18 ~ 25 ℃,冬季温度不低于 12 ℃;薄叶型文心兰生长适温 10 ~ 22 ℃,冬季温度不低于 8 ℃。

花

植株

5.6.3 室内观果植物

在园林植物中,果色鲜艳且观赏期长的品种不太多,有些品种属于冬季观果类,可以露地栽培。本节介绍 4 种耐寒性弱、冬季需在温室或居室内越冬且观赏价值高的观果植物。

佛手

【学名】*Citrus medica* var. *sarcodactylis* (Noot.) Swingle
【别名】佛手柑、闭佛手、川佛手

【科属】芸香科·柑橘属
【观果期】10 月—翌年 3 月
【果色】金黄色、黄色
【产地与习性】产于福建、广东、四川、江苏、浙江等省区。喜阳光充足、温暖、湿润的环境，不耐严寒；宜在雨量充足、冬季无霜冻的地区栽培；要求疏松、富含腐殖质、排水良好的酸性壤土或砂壤土。

植株

果

朱砂根

【学名】*Ardisia crenata* Sims
【别名】百两金、富贵籽
【科属】紫金牛科·紫金牛属
【观果期】10 月—翌年 3 月
【果色】鲜红色
【产地与习性】原产于我国江南亚热带地区。喜温暖、湿润或半干燥的气候环境；不耐寒，冬季温度 8 ℃以下停止生长；对光线和土壤的适应性较强。

果

植株

乳茄

【学名】*Solanum mammosum* Linn.
【别名】乳头茄、黄金果、五指茄
【科属】茄科·茄属
【观果期】10 月—翌年 3 月
【果色】金黄色、黄色、乳黄色
【产地与习性】原产于美洲热带地区。喜阳光充足、温暖、湿润的环境，不耐寒，冬季温度不得低于 12 ℃;宜肥沃、疏松和排水良好的砂质壤土,忌干旱与水涝。

乳茄

乳茄

红紫珠

【学名】 *Callicarpa rubella* Lindl.

【别名】 珍珠枫

【科属】 马鞭草科 · 紫珠属

【观果期】 6—7 月

【果色】 蓝紫色

【产地与习性】 原产于我国黄河以南的部分省区。性喜光,稍耐阴,喜温暖湿润气候,不太耐寒;宜生长于肥沃、湿润、排水良好的土壤。花期 6—7 月;果球形,熟时蓝紫色;为优美的观果灌木,也可盆栽观赏。

红紫珠

花

参考文献

[1] 张君艳,黄红艳.园林植物栽培与养护[M].5版.重庆:重庆大学出版社,2022.
[2] 何礼华,汤书福.常用园林植物彩色图鉴[M].杭州:浙江大学出版社,2012.
[3] 李先源,智丽.观赏植物学[M].3版.重庆:西南师范大学出版社,2018.
[4] 李先源.观赏植物分类学[M].北京:科学出版社,2018.
[5] 李先源,李志能.重庆园博园观赏植物彩色图鉴[M].重庆:西南师范大学出版社,2018.
[6] 黄金凤.园林植物[M].2版.北京:中国水利水电出版社,2018.
[7] 刘燕.园林花卉学[M].4版.北京:中国林业出版社,2020.
[8] 吴棣飞、姚一麟.水生植物[M].北京:中国电力出版社,2011.
[9] 陈有民.园林树木学[M].北京:中国林业出版社,2011.
[10] 包满珠.花卉学[M].3版.北京:中国农业大学出版社,2011.
[11] 胡绍庆.灌木与观赏竹[M].北京:中国林业出版社,2011.
[12] 汪劲武.种子植物分类学[M].2版.北京:高等教育出版社,2009.
[13] 刑福武,等.中国景观植物[M].武汉:华中科技大学出版社,2009.
[14] 周洪义,张清,袁东升.园林景观植物图鉴[M].北京:中国林业出版社,2009.
[15] 杨昌煦,熊济华,钟世理,等.重庆维管植物检索表[M].成都:四川科学技术出版社,2009.